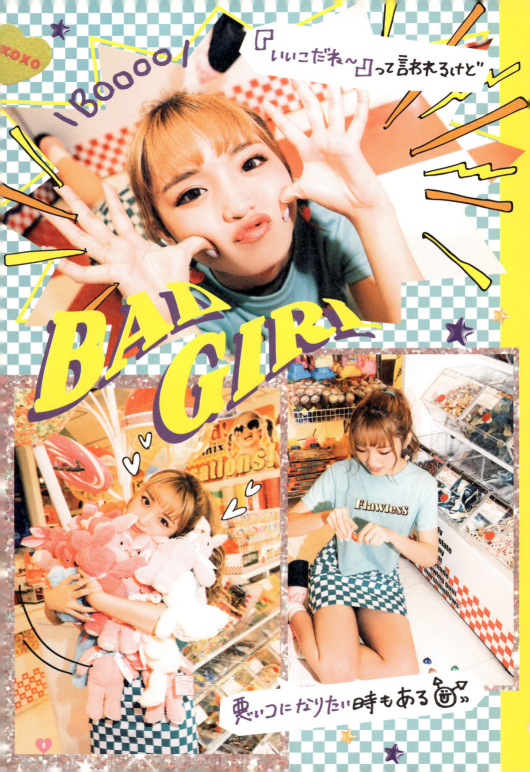

- 2 WELCOME TO NEO WORLD ♥
- 12 自己紹介
- 14 ねお's ヒストリー

CHAPTER 1
モデルねおのつくり方

- 20 スキンケアダイアリー
- 22 最新毎日メイク♥
- 26 ねおのイベントメイク
- 28 カラコン×系統別メイク
- 30 ねおのアイメイク見せて
- 32 ねおの美髪のヒミツ♥
- 34 季節別ヘアアレ塾♥
- 36 ねおサイズ　顔編
- 38 ねおサイズ　体編
- 40 ねおのダイエット物語
- 42 ほっそり美脚レシピ♥
- 43 ダイエット48時！
- 44 私服デニムSTYLE♥
- 46 ねお流カジュアルファッション
- 50 制服着回し1WEEK♥
- 52 着せ替えねお

ねおWORLD

CHAPTER 2
SNSアイドルねおのつくり方

- 60 YouTube ねおチャンネル
- 62 ねお×スカイピース 20の質問

CHAPTER 3

ねおの中身 NAKAMI

CONTENTS

86	ねおの頭の中身
88	バッグの中身を全部見せ♥
90	ねおの手書き文字が可愛いってウワサ♥
92	ねおの住みか
96	ねお×ママ スペシャル対談
100	これがねおの元気の素!!
102	ねお密着48時！
104	ねおに100の質問！
110	ねおLOVE
112	ねお上京物語
114	ねおってこんなコ♥
118	#ねおのイラスト描いたよ
120	本当のねお
122	事故画まとめ
124	FASHION BRAND LIST
126	ねおからのメッセージ
128	SHOPLIST

66	ねお×古川優香 GIRL'S TALK
70	ねおのつぶやき
72	SNSお悩み相談掲示板
74	ねおのTik Tok講座♥
76	SNS映えメイク
78	盛れる 自撮りの撮り方
80	ねおの思い出プリ講座♥
82	プリクラ collection

Neo's Profile

中2で始めたSNSがきっかけで人気が出て現在18歳♥「人とカブらないことがしたい!」っていう、人の半歩先を行くねおの基本データ&お気に入りのものを紹介します♪

はじめましての方も そうでない方も 改めて

START!!

■ **名前**
ねお♥
*ねお、は本名で、ひらがなは芸名。漢字だとコワイから変えたの!

■ **誕生日**
6月6日
誕生日いつって聞かれたら「ドラえもんの手」と答えてるよ!

■ **出身地**
鹿児島県
地元はやっぱり特別な場所。帰るとほっとするし安心できる♪

■ **職業**
モデル、動画クリエイター
ほかの人があっちたことない道を歩きたいから両方に全力でやる!

■ **血液型**
A型
ソファーにかけだけ布がズレるも気になる。几帳面なほうかも~!

■ **SNSアカウント**
neo_neo66
パスワードやアカウントを忘れないように名前を誕生日にしました♥

■ **あだ名**

Bonkun
あんまりこの名前で呼ばれてない説があるけど気に入ってるよ♪

■ **サイン**

ねおんフェス
中学生のときに英語の先生と一緒に考えたの!まつ毛がポイント♥

■ **あいさつ**
ねおでぃー!
しゃきーん
もともとのねおポーズから、動画用に進化して効果音をつけたよ!

delicious good!
♡ MY BEST3 食べ物
サーモン
いくら
サーモン祭り

おすしはサーモンがいちばん!生も好きだけど炙りもいいよね♪

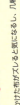

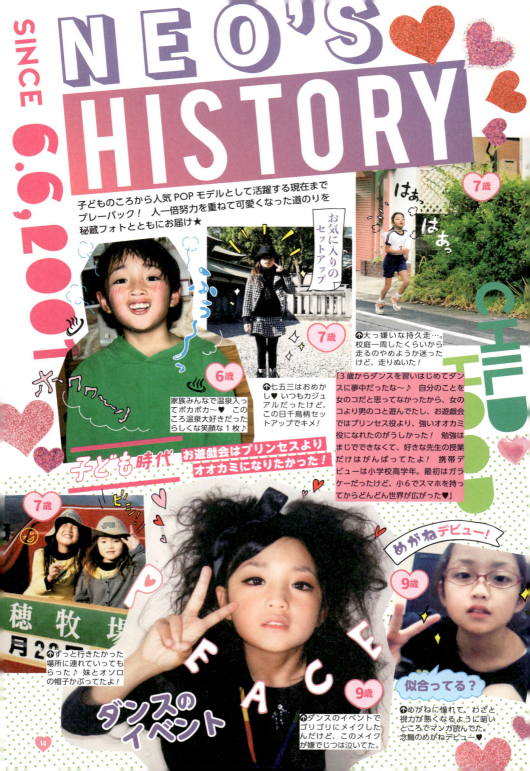

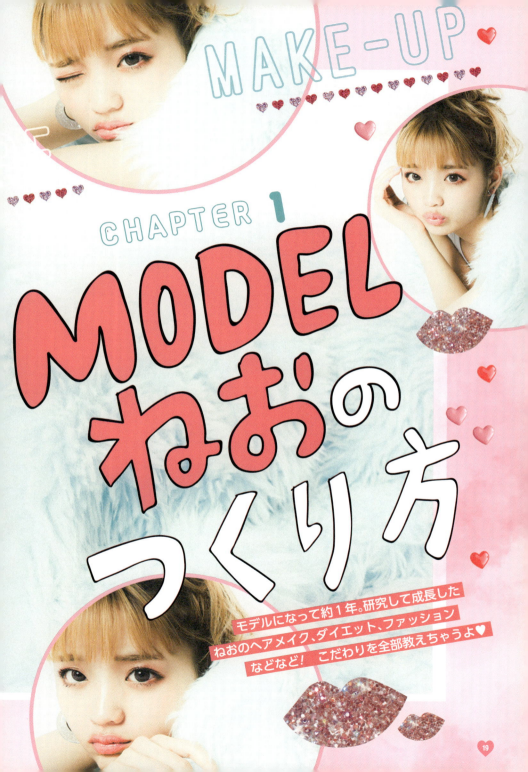

about BEAUTY
ねおのつくり方

スキンケアから毎日メイクまで、ねおの"可愛い"をつくるヒミツにズームイン★ イメチェンメイクや愛用つけまもチェック！

8/1 THURS

寝起きに鏡を見て衝撃が走った！

OMG OMG OMG
撮影まえなのに
ニキビができてる…！

ねおのニキビ対策メモ
1. 基本は洗顔をしっかりする。家では顔に髪がかからないようにまとめる
2. それでもニキビができたら、なるべくふれずに過ごす
3. 最終兵器はニキビケアの薬！

あごにニキビ発生！ 最近は洗顔を徹底してたから調子がよくて油断してたー！ つぶすクセをなくしたら治りもよくなったし…。

撮影が迫ってるので、③の最終兵器を投入！！

余分な皮脂を吸着&赤みにアプローチ！

アクネスラボ 薬用 スポッツクリーム 夜用ポイントパッチ付き

↑ふだんのスキンケアの最後に塗ることで、ニキビに溜まった余分な皮脂を吸着！ バリア機能を高めて薬用成分がしっかり浸透。

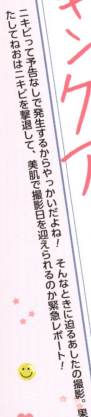

ニキビ撃退する！ **スキンケアダイアリー！**

ニキビって予告なしで発生するからやっかいだよね！ そんなときに迫るあしたの撮影。果たしてねおはニキビを撃退して、美肌で撮影日を迎えられるのか緊急レポート！

8/1の夜

けっこう大きめのニキビができてる…

家に帰ってソッコーメイクを落としてスキンケア。メイクはやっぱり負担になるけど、すっぴんになると赤みが目立つかも！

専用パッチつきで寝るときも安心♪

枕やシーツにクリームがついちゃいそうで不安だけどパッチつきだから取れる心配なし！ ニキビをよりスピーディーにケアしてくれる♪

このくらい塗るよ！

さっそくクリームでニキビを密閉した！

ニキビを包んで密閉するように塗るのがポイントみたい。上からパッチを貼って寝まーす。明日の調子はどうかな…(汗)。

ねおメイクルール

1 肌は保湿が大切！ファンデまえにもケア
ベースメイクを保湿をしないとメイクがくずれるから、クリームでうるおいをチャージ★

2 チークは濃いめにして血色感をプラス
もともと顔に血色感がないからチークはしっかり塗るよ。高めの位置に塗るのが好き！

3 目元にはキラキラのラメを投入する！
マットよりラメ派！アイホールや涙袋にラメシャドーを取り入れて目元を華やかに。

A 保湿力高いから、ベー必須アイテム！アンブリオリス モイスチャークリーム

B 見た目が可愛くて通販で即買いしちゃった♥ ミシャ ラインフレンズ グローテンション

C 友だちがくれたねおって名前入り♥ イヴ・サンローラン ラディアントタッチ1

D 薄づきなのがお気に入り！クリアラストフェイスパウダー ハイカバー 白肌オークル

E 3色入りだから髪色に合わせて色が選べる♥ ケイト デザインニングアイブロウ 3D EX-5

F キスミー ヘビーローテーション カラーリングアイブロウ 03 アッシュブラウン

G ピンクすぎずオレンジすぎない色みが○。キャンメイク パウダーチークス PW40

H 顔に立体感を出す秘密兵器がコレ！キャンメイク グロウフルールハイライター03

I オレンジ感が強いブラウン。エチュードハウス ルックアット マイジュエル BR420

J この大粒のラメ感はほかにない！3CE マルチアイカラーパレット #ALL NIGTER

K 角度によって光り方が違うよ。ホリカホリカ アイスパングリッター2 シャンパンパーツ

L 目にフィットして、まつ毛をカールしてくれる♪ コージー アイラッシュカーラー

M まつ毛1本1本に濃くつく！ヒロインメイク ボリュームコントロールマスカラ 01

N 濃いめのブラウン。ディーアップ シルキーリキッドアイライナー ブラウンブラック

O 唇をちゅるちゅるにしてくれるよ♥ ディオール アディクト リップマキシマイザー2

P オレンジレッド。NYX プロフェッショナル ソフト マット リップクリーム SMLC01

Neo's usual make
全部セルフでやったよ！
最新 毎日メイク♡

POPモデルになってからプロのワザを見てメイクテクが上達♪ いろいろ試してたどり着いたのが自然に立体感を出す"メリハリメイク"！ これでコンプレックスをカバー♪

Neo's usual make
毎日メイク全プロセスを大公開！
（ねおの）

メイクは〝塗ってます！〟ってならないように、ブラシでふわっと塗るのがマイルール♪

BASE

 Point

1. 乾燥肌にオススメのAを顔全体にON。中心から外側に均一に薄く塗り広げるよ。
2. BのクッションファンデをとにかくたたきこI込みまくる。最近はツヤっとした肌が好き♥
3. Cのコンシーラーを眉の上、小鼻、クマ、口元に。ブラシでピンポイントに塗るよ♪

EYEBROW

7. 眉サロンに行くようになってから細眉＆平行がマイブーム。Eのまん中の色を眉頭にON。
8. ふつうに描くともとの困り眉になるから、眉尻を指で上げて平行になるようにしてるの！
9. 髪色に合わせてFの眉マスカラで眉色を明るく。眉頭は毛流れと逆塗るとつきがいい♪

EYE

 Point

13. 下まぶた全体にIのシャドーを2往復して色づけ。ラメ入りだから目元の印象が明るくなる。
14. Iのシャドーをふたえ幅にON。この絶妙なオレンジっぽいブラウンが可愛いんだよね♪
15. Jのまん中の縦3色を混ぜてアイホール全体にブラシでON。コレで目元がキラキラに♥

19. まつ毛は濃く＆長くしたいからMのマスカラを左右にジグザクしながらたっぷり2度塗りする。
20. 下まつ毛にマスカラ塗るようになってから目が大きく見えるようになってメイクが安定した！
21. ラインは目尻だけに描くのがねお流★ Nのラインを目の形に合わせてタレ目＆太めに描くよ。

| メイク
基本データ | メイク時間
20分 | メイクデビュー
中1 | カラコンデビュー
小6 |

③を指でトントンたたきこんで肌になじませる。厚塗りにならないようにする★

Dのパウダーはそのまま使うと白くなりすぎるから、パフに出して使うのがポイント！

⑤をブラシに取り、ふわっと顔全体に軽ーくのせて、メイクくずれ&テカリを防ぐ。

CHEEK & HIGHLIGHT

Gのチークを黒目の下あたりに丸くポンポンのせる。これだけで血色感がイッキにUP。

Point

鼻根が低いから、Eの薄い色で眉頭から鼻のまん中までノーズシャドーを入れるよ！

Point

Hのまん中の色を、目の間から鼻先に向かって塗り、鼻の高さと立体感を出す。コレ重要★

Jの下中央のオレンジを下まぶたの目頭1/3にON。ぷくっとさせて、目元に立体感を出す。

Point

Kを涙袋3箇所にチョンチョンのせて、指でスーとのばすとラメが目元のシャドーとなじむよ。

Lのビューラーをまつ毛の根元挟む。まつ毛はカールっていうより上向きになればOKだよ！

LIP

Oを唇全体にON。うるおいのある唇になるし、塗るとスースーするのが好きなんだ♥

リップは赤派だったんだけど、唇の存在感が出すぎるから、最近はPの赤みオレンジだよ♪

唇全体にリップを塗ったら、最後につきすぎないように、唇を"んぱっ"となじませて完成♥

簡単に
イメチェン
可能♥

カラコン ×

カラコン
グレーコントゥア
×
メイク
ハーフ系
オトナメイク

ホリ深に見えるブラウン系のアイメイクには、ハーフっぽいグレーレンズがピッタリ。まつ毛は盛りすぎずオトナっぽく加減したよ♥

こんな人にオススメ
▶ パーツがはっきりしている
▶ オトナっぽくなりたい
▶ 地黒の人

HALF OTONA

彫りが深い目元と澄んだ瞳が♥

スッと流して切れ長に
EYE
MAKEPOINT
ゴールドブラウン系シャドーで囲み、グラデで陰影をつけたらハーフっぽい立体感が。

背伸びしすぎないオレンジ系
LIP
MAKEPOINT
深い赤はオトナすぎだからオレンジブラウンで。リンカクをとって塗るのがコツ。

強めすぎないグレーカラー
ヌケ感のある澄んだハーフeyeに。着色直径は13mm。シェリークグレーコントゥア

ほかにもまだまだ
**オススメの
カラーがあるよ♥**

日本人の瞳になじむカラーばかりで自然に盛れるよ★ 度ありもあるから目が悪い人も◎。

ブラウンコントゥア
生まれつき色素薄い系に見える淡いブラウンカラーだよ。着色直径は13mm。

こんなメイクにオススメ
はかない感じの色素薄い系メイクや甘ガーリーなど幅広く対応♥

ヘーゼルコントゥア
リアルな外国人みたいなヘーゼルカラーの瞳になれる。着色直径は13mm。

こんなメイクにオススメ
立体感たっぷりのホリ深メイクに合わせて外国人っぽく盛ってみて！

系統別メイク

ねおはメイクに合わせてカラコンを替えるのが鉄板だよ♥ そこで人気のハーフ系&ガーリー系メイクにハマるレンズ選びとメイクポイントを伝授。日替わりで系統変えられるって神！

NATURAL GIRLY

ピンクで囲んで可愛さ強調
EYE MAKEPOINT

大粒ラメを重ねて夏っぽくキラキラに♥ 肌になじむピンクを選ぶのがオススメだよ。

BASE MAKEPOINT
鼻横とほお骨にハイライトを仕込んでツヤツヤに。透明感が出てより可愛い印象になるよ。

ツヤ肌に仕上げて透明感UP

カラコン
フォーンヌード
×
メイク
ナチュラルガーリーメイク

シャドー、リップどもにピンク縛りで女のコらしさを強調！ 目元にふんわりとけこむブラウンレンズとの相性もバッチリだよ♥

こんな人にオススメ
- 前髪がある
- 肌が白い
- 女のコっぽく見せたい

色素薄めなちゅるん系eye♥

発色のいい色で引き締める♥
LIP MAKEPOINT

目元が薄いぶん、パキッとしたピンクリップを使って全体的にボヤけないよう阻止。

きちんと盛れる優秀ブラウン♥

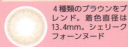

4種類のブラウンをブレンド。着色直径は13.4mm。シェリーク フォーンヌード

オリーブコントゥア
ツヤっぽいオリーブカラーが神秘的♥ 瞳になじむ色み。着色直径は13mm。

こんなメイクにオススメ
ポップでカラフルなカラーメイクに合わせて個性的に仕上げて♪

カッパークチュール
深いブラウン系で自然だけど、裸眼よりアンニュイな印象。着色直径は13.4mm。

こんなメイクにオススメ
落ち着いたフンイキを出したいときは赤みブラウン系メイク！

コンタクトレンズは高度管理医療機器です。必ず眼科医の処方（指示書等による）に従って購入してください。〈販売名〉シェリーク〈承認番号〉23000BZX00223A11

人生変えた！ねおのアイメイクを公開 ♡

ねおが最近可愛くなった理由は"つけまつ毛"に出会ったから♥ コンプレックスをカバーできたり、顔の印象を変えてくれる秘密兵器だよ！

美髪への道 2
ミストでふんわり香りづけ♥

髪からイイ香りする女のコって憧れる♥ だから気づいたときにふんわり香るヘアミストを吹きかけてる。持ち歩きにも便利なサイズ。UVケアもダメージ補修もできる!!

吹きかける量で香りが調整できる

香水よりもふんわり香るから学校にもOK。香りづけだけじゃなくて乾燥対策にもなるよ。

ラボン ヘアフレグランス ミスト ラブリーシックの香り

フレッシュなピーチをベースに透明感のあるミュゼやゼラニウムの香りをブレンド。

外出先でも！

湿気が強い日も安心★

ダメージ補修だけじゃなくて、広がりやうねりを防ぐから雨の日は手放せない存在！

美髪への道 3
こまめにトリートメントをシュッ！

コテの熱でダメージ受けまくりだから、気づいたときにトリートメントミストでケア！ お風呂のあとも同じミストでケアしてるよ。

寝るまえにも！

しっかりケアしたいときにも◎

寝るまえ、念入りにケアしたいときだってこのミスト1本でOK。翌朝ツヤツヤの髪に♥

コスパ最強

ダイアン パーフェクトビューティー パーフェクトジェルミスト

ダメージ補修から香りづけまで1本で対応！ 気になる紫外線もカットするよ。

なんと1本で11役もの効果が♥

保湿&ダメージケア以外にツヤUP、カラーケア、枝毛や切れ毛を防ぐ、キューティクルケアなど11コものパワーを発揮！

ほかにもこんな努力をしてるよ！

1か月に2〜3回はトリートメント含めて美容院でメンテナンス！ いつもサロンドミルクとアンクロスでお願いしてるよ。

傷んだ髪もしっかりケアすれば生まれ変われる♥

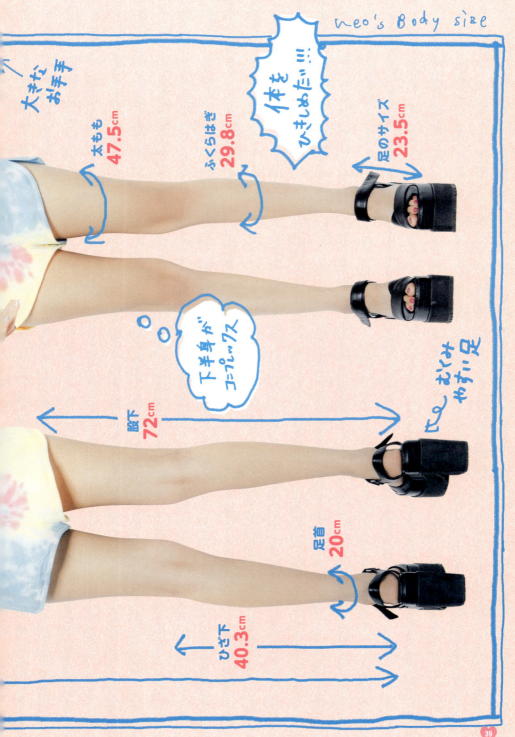

してヤセて楽しくなったよ♡

ね！」ってホメられるのがうれしいんだよね♪

ダイエット成功マインド

自分の現実を客観的に見られる
太っていたころの動画を定期的に見返す
「むかしの自分のYouTubeとか見ると気持ちが引きしまるし、同時にヤセてきた実感が持ててモチベUP」

がんばってはいけない
ムリのない範囲でウオーキングに集中！
「追い込むとあせりがストレスになっちゃう。音楽を聴きながら遠回りして帰るとか、散歩感覚でコツコツ」

カンペキにできなくてもまあいっか♪
続けられることだけ継続
「走るのはムリだったけど、歩くことと筋トレ、あと野菜中心の食生活はできたからそれを続けてる」

〝ヤセたい〟と思った初心を何度も思い出す
ママと定期的に反省会をする
「停滞期はママに励ましてもらって乗りきれた。話し合うとなんのために始めたかを思い出せるよね」

おしゃれが楽しくなったし努力すれば結果はついてくるよ！

おうちでやってる筋トレ

腕立てふせ
 →
ひざをつけて足は浮かせ、肩幅より広めに手を広げてキープ。ネコ背にならないように注意！
顔が床につくギリギリまで下げて1秒間キープ。これをくり返し約10回★

ひねり腹筋
 →
ながらでできるひねり腹筋。毎日やるとか決めずにできるときに10〜30回くらいやるよ！
くっきりしたくびれが欲しいから、起き上がるときにおなかに力を入れながら左右にひねる！

撮影／清水通広

AFTER

適度な運動で手に入れたメリハリボディーもう太ってたころには戻りたくない！

コレ食べて**あした盛れなかったら嫌**だなと想像すると、**ムダな食欲をセーブ**できる。自分の世界を広げるためにも〝**ヤセたい**〟

NEO'S DIET STORY AFTER

恋をしてドキドキ
キュン キュン

おしゃれ楽しい

どっちにしようかな〜

むん！

気合いでスクワット！

START
ねむ〜

09:00 起床

撮影がある日は早朝に起きるけど、お休みの日は9時くらいに起床！のんびり準備スタートしまーす！

地味につらい…

10:00 階段を上り下りしながら出発

出かけるついでに家の階段を15分くらい上り下り。しょっぱなから足がつらくなるけど（笑）、これをくり返してたら引きしまってきた！お金もかからないしオススメ！

密着！ダイエット24時！

ムリせずできる"ながらダイエット"が定番★さらに食べすぎた日はサプリに頼ったりして毎日コツコツがんばってるねおでした♥

11:00 ジムでトレーニング

週1でパーソナルトレーニングに通うようにしてるよ。1時間くらいみっちり筋トレしたり、ダンベルを持ち上げながらスクワットしたり、ハードなメニューをこなす！

12:30 友だちと待ち合わせ＆ランチ

おまたせ！

家では野菜中心の生活で食事制限してて小腹がすいたら納豆を食べるよ。物たりなくても外食するときは好きなものを食べていいっていうルールなんで続けられてる！

自宅では野菜中心！

外食は好きなもの食べてOK！

GOAL

愛犬のBon♥

走ったりもする！

17:30 帰宅後は愛犬のお散歩兼ウオーキング

早く帰った日はねおの担当！Bonッが走るんでウオーキングっていうかマラソン状態だけど、1駅分は散歩するよ。あと雨が降ってなければ駅から家まで20分くらい歩く。

ぱっくん分解酵母を併用！

なかったことに…（笑）

外食は好きなものを食べてOKっていうルールだけど、炭水化物をとりすぎちゃうとやっぱり心配…。そんなときはダイエットサポートサプリの出番！食前に飲んどくよ★

ぱっくん分解酵母

腸内環境改善も期待でき、脂肪の吸収を抑えてくれるサプリ。健康的な食事と適度な運動を心がけるのを忘れずにね！

現役JKねおの制服着回し

I'm so Hungry...

着回したのはこの6アイテム！

- A ハーフジップスエット
- B イエローニット
- C 白シャツ
- D ブルーシャツ
- E プリーツスカート
- F サスぺつきチェックスカート

Day 1
クールな青系でまとめて先輩風を吹かせてみる♪

LJKっぽくクールにしたいときは、ブルーワントーン&ネクタイをしてオトナ化するよ！

D + E

Day 2
カラフルに目立ってクラスの人気者になる★

LOOK!

カラー×カラーのハデカジ制服★ 学校イベントとか目立ちたい日にオススメ！

B + C + F

Day 3
ラクチンスエットONで放課後はガールズトーク♥

A + C + E

人とカブりたくないから放課後はスエットを投入♪ 流行りのハーフジップが可愛い♥

1 WEEK ♡

現在高校3年生のねお♡ 制服を着られるのもあと少しだからこそ厳選したアイテムを賢く着回したい♪ 制服スタイルも〝カジュアルさ〟が重要だよ！

Day 4
パーカでスポMIXして部活の応援に行くよ！

「友だちにパーカ借りたよ！」

友だちに借りたFOREVER21のパーカをはおってボーイッシュにイメチェン成功！

B + C + E

Day 5
サスペでプレッピーに寄せてお勉強がんばる～！

C + F

ウィゴーのサスペつきスカートで私立の優等生風♡ 大きいリボンで女子力をUP！

Day 6
寝坊した朝もイエローニットがあればOK！

B + D + E

韓国ブランド、ブランガールズのイエローニットが主役だからほかはシンプルに抑えたよ

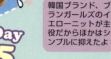

Day 7
学校でも「おしゃれ」っていわれるコーデがしたい！

A + D + F

男子ウケより女子ウケ！ FOREVER21のスエットを着て友だちとオソロっぽくコーデ

学校バッグの中身CHECK！

鏡

「持ち手もついてるし、かさばらなくて便利!! つぇるっ子からのプレゼント♡」

コスメ
「学校に行くときは、ロゼットのコンシーラーで気になる部分をカバーするだけ★」

学校ポーチ
「発売まえから狙ってたジルのコフレについてたポーチ!! 大切に使ってるよ」

ノート
「ネットで買ったアピーチのノード♡ 授業中のメモはiPadにするから使わない」

お気に入り文房具
「つぇるっ子にもらったラプンツェルのペン。大好きなキャラだからやる気が出る」

ペンポーチ

「iPadで授業をするから、ペンはほぼ使わない。パワパフのペンポも中は少なめ」

女子力アイテム
「メイク直しに使うめん棒を、100均で買ったキティーちゃんのケースにIN」

キャラもの
「アピーチの洗浄液。キレイ好きだから、いつでも消毒できるように持ち歩く！」

パスケース
「スピンズとのコラボでつくったねおグッズ!! 伸びるひもつきで使いやすい!!」

お財布
「マイリトルポニーのお財布もプレゼント。いつも¥5000くらい持っていくよ」

香水
「レールデュサボンの香水は石けんっぽくて清潔感があるから学校にピッタリ」

ハンカチ
「白雪姫のハンカチはセブンイレブンのくじで当たった。持ってると気分があがる」

CHAPTER 2
SNSアイドルねおの

SNSの総フォロワー数 **300万人**超え！

2019年6月現在すべてのSNS合計のものです。

アカウント

60万人登録
YouTube
ねおチャンネル
リクエストしてもらったものを撮影したりしてる♥ ほかの方とコラボもしたいな♪

ファン140万人
Tik Tok
@ neoneo
Tik Tokがいちばんフォロワーさんが多い！ 自分の世界観を出す場所はここ♥

Twitter
@ neo_neo66
ファンの方との絡みを大事にしたいからこまめにリプ返♪ 日常のことをつぶやくよ！

フォロワー39万人

Intagram
@ neo_0606
リアルな自分を載せるためにストーリーを更新。ポストはアルバムみたいなかんじで投稿。

フォロワー46万人

58

全て

SNSのこだわりはハンパない！見てくれてる人をあきさせないように進化し続ける♪ ねおがSNSで人気のヒミツを深掘り♥

It's Neo's Space...

携帯1つから始まったSNS。唯一自分を表現できるねおの居場所。
もしSNSがなかったらねおはいまここにいない。自分のスタート地点だからこそ、大切にしてるもの。

ロック画面
ロボットレストランで撮った写真！ホーム画面は2〜2か月に1回くらいのペースで変える。

スマホケース
SLYのケースはこの不思議な形が好き♥ 大好きなムラサキが入ってるのもツボだよ♪

携帯機種
携帯の機種はiPhoneのXR。画質がいいから、写真や動画の撮影にも向いてる！

\初投稿はコレ！/

はじめまして！ねおです！
【自己紹介】

これは本当に黒歴史でもあるけど、少しは成長できてる気がする！

どれも思い出に残ってる投稿ばかり！

お気に入り動画 10選

ランキング形式で掲載予定が「全部好きだからランキングはつけられない！」ってことでお気に入りの10個をピックアップ♥

【ぺえさんコラボ】
質問コーナー！

大好きなぺえサン♥ ファンの方から質問や悩みを募集して撮影したよ。

**ねおの鹿児島弁を
お聞きください！どうぞ～**

地元の鹿児島弁講座はずっとリクエストがきててやっとできたの！

ありがとうございました。

18歳のバースデーにマネージャーサンがサプライズでつくってくれた。

【踊ってみた】
ハッピーウェディング

ドキドキしたけどりっくンが仕切ってくれてステキに仕上がったよ♥

【スカイピースさんコラボ】
暴露だらけの質問コーナー

撮影してないところでも笑いがたえない撮影現場だったな♪

#いいね を踊ってみた
【板野友美さんの#いいね】

これをきっかけに板野サンにもお会いすることができて幸せでした！

【英語禁止!?】
**かっぱ寿司大食い
チャレンジしたら……**

英語禁止はよゆうかと思ったら過酷すぎた（笑）。けどまたやりたい！

**今まで隠してて
ごめんなさい。**

コンプレックスの裸眼を公開。不安だったけどやさしいコメントに感謝。

【観閲注意】
昆虫を食べてみた！

女性ユーチューバー運動会の罰ゲーム企画でまさかの虫を食べた…。

61

「顔の距離が近すぎて緊張したけど幸せな撮影でした！」

Q15 お互いを動物に例えるなら？

じ「じんッンはウサギでテオクンは馬。もともとスカイピースのファンたちのなかで、2人はウサギと馬キャラが浸透してるからそのイメージが強い！」

て「リスかな」

て「犬。しいていうならねおッが飼ってるからパグ！」

Q16 ねおをプロデュースするとしたらどんな動画を撮りたい？

じ「**大食い企画！**アドバイスします」

て「小学生の大スターなので、**小学生に向けたファッション系の動画！**」

Q17 一緒にやってみたいことやこれからの夢は？

じ「うわー！ えー！ もう1回こんな感じのコラボ撮影したい！超楽しかったし、2人と一緒にいるとよろこんでくれる人が多いから★」

じ「ねおッとプリ会を開いてみたい（なぜかッづけ）」

て「世界征服（笑）」

ねおからじんッンに質問！

Q18 じんッンはふだん会うとふつうのテンションで接してくれるのに、事務所で会うとあまりしゃべってくれないのはなぜ？

じ「事務所っていう場所が緊張する。2人のときは後輩として現状などを聞きたいからちゃんと話すよ！」

ねおからテオクンに質問！

Q19 テオクンは有名人なのになんで変装しないんですか？

て「めんどくさいから（笑）」

Q20 最後にスカイピースからねおへメッセージを！

じ「人として尊敬しているので、これからも変わらずにいてください。ずっと仲よくしてください（媚）」

て「名前で韻踏んでるよね。ボクたち！（笑）」

スペシャルコラボ 2 ねお × 古川優香

手が届かない人だったのにいまはお姉ちゃん的存在♥

優香（以下優）「ねおちゃんが香川におるときからミクチャで存在は知ってたけど、たしかはじめて会ったのは、ねおちゃんが黒髪だったころだから3、4年まえになるかな。ミクチャに可愛いコがいるって話をユーチューバーのほりえりくンに話したら、りっくンがねおちゃンと知り合いで繋げてくれたんだよね」

ねお（以下ね）「香川じゃなくて鹿児島です！（笑） 優香ちゃん、ふつうにまちがえてます！（笑）」

優「ウソ！ ごめん！（笑）実際会ってみたら『足、長っ！』ってびっくり。小さいイメージだったから」

ね「よくいわれるんですよ〜。ってか、ねおは動画を投稿するまえから優香ちゃんのこと大好きでした!! 会うまえは女のコらしいキャラなのかなって思ってたけど、実際はいい意味でキャラが違った!! 可愛いのに話すとサバサバ系。ねおもサバサバしてるほうだから、一緒にいてラクです。先輩だけど一緒にいて気をつかわないでしゃべれる人！」

優「ねおちゃんは落ち着いて物事を考えられるコでオトナ。一緒にいて年下やなとは感じないもん。共通点はたくさんあるけど、食べるのが好きなところも大きい」

ね「このまえ、和食屋さんに行きましたよね。そのとき食べたイクラ丼の写真を優香ちゃんがTwitterのトップに載せてくれてうれしかった！」

優「2人の写真じゃなくてイクラ丼っていう（笑）。話す内容は『このまえ食べたあれがおいしかった』とか食べ物の情報交換とか（笑）」

ね「早くまた計画しましょう♪」

ねお ♡ 優香
全部話してくれてるから、優香ちゃんのことはなんでも知ってる！ だからねおも心を開いてすべて話せます♥

about **PRIVATE**

GIRL'S TALK

ねおが東京に上京するまえ憧れの存在だった優香ちゃといまでは仲よし♥ YouTuberとしても活躍する2人が仕事のことからプライベートまで、本音トークをお届けします♪

ねおちゃは黒いところゼロ！ クリーンそのものです！

ね「ねおは努力をしていて、毎日を大切に生きてる人が好きです。店員さんにタメ口を使う人はムリですね！ 優香ちゃはどうですか？」

優「私も礼儀というか余裕がある人がいいな。逆にプライドが高すぎる人も苦手。こだわり強くてプライド高い人って、私がやってることにケチつけたりしてうっとおしい！」

ね「ねおはどちらかというと、プライドが高いほうだから人のこといえない…(笑)。でも礼儀がない人は同じくダメです。店員さんにタメ口使ったりする人は嫌！」

優「**あと自分の自慢ばっかりの人も『ダサッ』って思わない？ 武勇伝を語る系もムリ！**」 キュンとするのは言葉1つ1つがやさしい人かな。ねおちゃは？」

ね「**イイにおいの人にキュンとしますね！** あと道を歩いてるとき、なにもいわずに歩道側に引き寄せてくれたりしたらヤバいです♥」

about **LOVE**

優「いいね♥ とにかくやさしくて心が広い人がいいです。ちなみに私は好きな人ができたら自分からいくタイプやな！ 好き好きオーラは出さないけど、あくまで友だちとしてごはんに誘う。女のコらしいキャラで通ってないんでひかれそうやから(笑)」

ね「ねおも優香ちゃみたいに自分から誘ってじょじょに距離を縮めていきますね。疑問系や**『おはよう』、『おやすみ』とかLINEはストーカーばりに送っちゃう**(笑)。会う口実をひたすら見つけて誘う」

優「お互い似てるようで微妙に違うタイプやな！」

優香 → ねお
年下なのに教わるところや尊敬できるところがたくさんあって私にとっても憧れの人。これからも遊ぼうね♥

about LIFE

優「OFFって何してる? **私は独り行動することが多い**かな。家事や犬の散歩したり…。なるべく家を出たくないし、独りが好き(笑)」ね「ねおはだれかに会ってますね! 優香ジュは本当にめんどうだと家から出ないですよね(笑)。ねおは外に出たい派なんでそうしてもらうようにしてます。ほおっておくとこもっちゃうから、だれかに誘わせしたら、自分からは誘えない(笑)。そういえば、このまえ、優香ジュと待ち合わせしたら、**超目立つまっ赤なコーデで現われてびっくり**しました(笑)。ね「変装とかおはいつも目立たない私服が多いんだけど優香ジュはガッツリ赤!」優「**ぜんぜんしない**。そもそも気づかれないし、サングラスかけたら視界が暗くなるじゃん。気づかれる以前に家から出ないけど(笑)」ね「有名人なのに…。そう、ねおと優香ジュの共通点といえばお互いパグを飼ってるところもありましたね!」優「うちの愛犬ふくジュとねおジュちのBonジュを早く会わせたい♥ なかなか予定が合わないけどドッグランに行こうって話してるよね!」優「ドッグランもそうだし、早くまたごはんに行こうよ。話したいことがたくさんある!」ね「いつも会うと休みなしにずっと話してますよね♪」優「でもYouTubeや美容系の情報交換とかじゃなくて、プライベートか食べ物の話だけどね(笑)」

68

ねおのつぶやき

中3のころ撮った写真

Twitterはリアルタイムの出来事を更新してる自分のアルバムのようなもの。
ちなみにアイコンは中3のときの写真だから、そろそろ変えたいかな〜！

朝のはげましは日課です！

朝、みんなが学校とか仕事に行く時間帯は見てくれてる
人も多いから更新★

ねお neonoaccout66・7月10日
おはようございます😊🎀　本日は
スタイルブックの打ち合わせと
ある収録にいってきます !!!!! 今日
も一日頑張ろう！🔥

> スタイルブックの
> 最終打ち合わせ！
> この本のタイトル
> も自分で考えたよ。

ねお neonoaccout66・7月10日
本日もたくさんの
リツイートありがとうございました
明日は最終日 !!!!!!!
最後までよろしくお願い致します！

明日も 学校、お仕事頑張ろうね🔥

> POPでリツイート
> バトルがあって、
> 絶対負けられない
> からがんばった！

ねお neonoaccout66・7月1日
おはようございます😊🎀

北海道のお土産買って
袋にまで詰めてたのに
見事に 玄関に置いてきちゃった😭
ごめんなさいい！
本日も撮影いってきます !!!
今日も１日頑張ろうね！🔥

> イベントで北海道
> に行ったときに
> 買ったおみやげを
> 忘れちゃった〜！

ねお neonoaccout66・6月29日
おはようございます😊💕

いつのまにか寝落ちしてて
床で寝てましたねおです !!!!!

今日も一日頑張ろうね🔥
撮影いってきます！

> *おはよう。と *が
> んばろう！*。ってっ
> いうつぶやきは、
> もうセットかも！

感謝の気持ちを伝える♥

友だちとかファンの方への感謝の気持ちが大きい！
みんな本当にいつもありがとう♥

ねお neonoaccout66・7月9日
大好きな ももちゃから
サプライズされました…😭💕🎀

本当に本当にありがとう !!!!
改めて 心から大好きです！

いつも本当にありがとう…💕

> 同じ事務所のもも
> ちがサプライズで
> ケーキ用意してく
> れてびっくり！

ねお neonoaccout66・7月10日
ねお×SPINNS in 沖縄イベント
本当にありがとうございました😭💕

また皆さんにお会い出来るように
全力で
頑張ります！！！
気をつけておかえりください

そして!! イベント終わりに
スタッフさんからサプライズで
お祝いをして頂きました😭✨
本当にありがとうございました！！

> イベントはみんな
> と直接会える貴重
> な時間♥ きてく
> れて感謝です！

ねお neonoaccout66・7月6日
おはようございます😊💕
本日も沢山の 拡散、リツイート
よろしくお願いします！！！！

＃ねおを１位に 改めて つぇるっ子
に 感謝でいっぱいです…😭💭

> POPのつけまプロ
> デュースリツイー
> トバトルで１位を
> 取れてうれしい。

リアルタイムを実況中継！

移動中とか、遊んでるときに撮ってすぐ投稿。
いま自分が何をしてるかを報告するの♪

 ねお neonoaccout66・7月7日
明日 沖縄でイベントなので
前乗りしました！！！😊💕

沖縄 到着っっっ✨

地方でのイベントの場合は、前乗りすることも多い。沖縄に到着〜♪

 ねお neonoaccout66・7月7日
すこーしだけ
自爪生活しました👀👀

動画はキメすぎずゆる〜く撮ったものを投稿！

撮影のときはいつもネイルしてるから、レアな地爪！っていう報告★

 ねお neonoaccout66・7月7日
プリ撮影風景を少しだけ✂

 ねお neonoaccout66・7月7日
撮影の空き時間
3人でデートしてました 👀

のあにゃんとめるるは同じ年で、プライベートでも本当に仲よし♥

 ねお neonoaccout66・6月30日
トークショー
ありがとうございました😭💕

チェキ会もよろしくお願いします‼
ポーズとかも考えてくれると
凄くありがたいです😭😭😭

どきどき！！！！！

イベントの日は始まるまえやあとにリアルタイムでツイートするよ！

報告＆告知はわかりやすく！

報告とか告知は写真をつけてわかりやすく＆写真が並んだときのバランスも考えるよ！

 ねお neonoaccout66・7月7日
🎀【重大報告】🎀
この度 初めての
*スタイルブック*を
出版する事になりました‼😭💕

いつも応援してくださっている
皆さんのおかげです。
閉じこめていたものを
すべて公開してます👀👀

発売は 8月1日（木）‼
沢山の方に
手に取って頂けますように…✨
よろしくお願いします！！！！！🎀

7月7日午後7時に情報解禁したよ！ツイート後の反応にもドキドキ♥

 ねお neonoaccout66・7月7日
新しい挑戦してきました…‼😊✨
お楽しみに…🎀

歌うのは苦手なんだけど、誕生日のサプライズをするために歌ったんだ♪

恋愛編

お悩み1 好きな人ができなすぎてつらい！

ねおアンサー

「その気持ち、すごくわかるよ！ でもね、好きな人とか彼氏がいなくてつらいって思ってる時期がいちばんできないってねおも最近友だちから聞いたの！ **好きな人はムリにつくるものじゃないし、あせってもイイ人に出会えない。** だから自分を磨きながら、好きな人に出会えるのを一緒に待とう！」

お悩み2 好きじゃない人に告られたときはどうすればいい？

ねおアンサー

「え！ それは、**ちゃんと断ろう！** ねおが告った側の立場なら『いまは勉強が…』とか『部活が忙しくて…』っていわれたらあきらめられない。同じクラスとかで気まずくなるのが嫌なら『気持ちはうれしいけど、好きって感情はないから友だちでいたい』って素直にいうのがいいと思うな！」

お悩み3 彼氏がいるのにほかの人を好きになった…。

ねおアンサー

「はっきりいってそれはもう彼氏じゃない！ ねおはつき合ってると相手のいいところばっか見て一途になるタイプだから、ほかの人に目が行くのはよくわからないし、つき合ってるのにちょっとでもほかの人に気持ちがある時点で彼氏がかわいそうだな…。そのままつき合ってても、**相手も傷つくから2人でちゃんと話し合って別れるべき！**」

お悩み4 好きな人にフラれて悲しい。

ねおアンサー

「うん、悲しいよね。好きな人のことって忘れなきゃって思ってもすぐに忘れなれないから、ねおは目の前のことを全力でやる。毎日悩んで病んでも時間がもったいないから、**自分磨きをして私をフッたこと"覚えおけよ！"**（笑）って！」

 お悩み相談
SNSに届いたお悩みに
リプやDMでいろんな悩みの相談を受けるの。からこそ、自分の経験から学んだ

人間関係編

お悩み5 クラスのコに無視されるようになった…。

ねおアンサー

「ねおなら『何かしたっけ？』って話しかけに行っちゃう！ 自分が何かしたなら素直に謝るし、**悪いところを変われるように努力する。** とくに理由もなく無視するようなコなら、ムリに仲よくなる必要はない！」

お悩み6 大人数で遊ぶと1人になっちゃう。

ねおアンサー

「うん、ねおもそうだった。**大人数のグループにいたけど、話に入れないし横に引っついてる自分がむなしくなってそのグループを抜けたの。** それをきっかけにほかの少人数（2〜3人）のグループに入ったら、自分のことも話せるようになって友だちになれたよ！」

お悩み8 友だちとケンカして気まずい感じになってる。

ねおアンサー

「ケンカの原因にもよるけど、ケンカするほど仲がいいっていうし、**ケンカして仲直りしたあとは絆が深まる**って信じてるから、納得いくまで友だちと話し合う。ねおはあいまいなのが嫌いで白黒はっきりさせたいタイプだから、その日のうちに話すきっかけを自つくって自分の意見をいう！」

😉 性 格 編 👀

ねおがアンサー
掲示板 💭 💗
ねお自身もたくさん悩むし病みやすいことを伝えてるんだ！

お悩み9 つらいことがあるとなかなか立ち直れない。

ねおアンサー

「病むのが悪いことじゃないから、一日だけ病みまくって次の日には切り替えられるようにする。ねおも最近悲しい気持ちになったとき、雨のなかカサを持たずにずぶぬれになりながらマスクして帽子とフードかぶって、自分を追い込んだ。

泣きたいときはとことん泣いていい！」

お悩み7 人と話しをしても会話が弾まなくて困ってる。

ねおアンサー

「まずは共通点を見つけるのが早い！　ねおも、もともと人見知りというか、むしろコミュ障だったけど、相手のことを知りたいから質問をするようにしたら話が弾むようになった！　まずは共通の友だちの話題は盛りあがりやすいよね。それと『最近映画観た？　どのシーンがよかった？』とか。ねおもはじめて遊ぶ人の場合、何を話そうって考えるタイプ。あとねおは、『可愛い！』『スゴい！』って、相手のいいところを直接ホメるようにしてる！

赤メられて嫌な気分になる人はいない から、仲よくなるなるきっかけになるよ！」

お悩み10 自分の性格が好きじゃなくて変えたい。

ねおアンサー

「自分の 性格を 変えたいって 思ったときは、まずは自分の近くにいる人のいいところを取り入れるの。 例えば、ねおはスゴくネガティブだから、(生見)愛瑠*のスーパーポジティブなところを取り入れるとか！　人のいいところをたくさん見つけて自分もやってみるのはどうかな！」

ねおの Tik Tok 講座 ♥

「動画投稿は基本毎日！」Tik Tokファン数は140万人以上!!
基本編からこだわりのカメラワークまでレクチャーするよ★

ねおの Tik Tok ルール

- ✅ **メイクや服**によって曲を変える！
- ✅ 曲や歌詞の**フンイキ**をこわさず**自己流にアレンジする！**
- ✅ **同じジャンル**を動画をアップしない！
- ✅ **長めに撮影**をする！
- ✅ ファンの方の**リクエスト**を参考にする！

Let's TRY!!

まずは基本の操作方法

1 曲を決める

「ねおは曲を決めたら歌詞を調べてイメージをふくらませるよ。洋楽は訳も調べる！」

2 速度を選ぶ

「初心者のコはゆっくりめが撮りやすいよ。速くしてあえて事故画っぽくするのもアリ」

3 撮影開始

「ボタンを押してる時間だけ撮影されるよ。話題の動きを入れるといいね数が伸びる★」

4 編集作業

「最後に曲の編集や色を変えて普通の動画にインパクトを出すようにしてるよ！」

カメラワークLesson

NEO'S TIK TOK LECTURE

回転

「2×」のスピード&「長押しで撮影」を選択。水平にスマホをセットし、数秒間撮影し、指を離す。

手の軸をブラさずに頭の上までスマホを持っていったことを確認したら、撮影ボタンを再度押す。

長押ししたままスマホを素早く下げて、指を離す。このとき、顔は正面を向いたまま。このくり返し！

半回転

「2×」のスピード&「長押しで撮影」を選択。水平にスマホをセットしたら、手首を90度に回す。

回した手首をすぐに戻す。これで半回転したように見えるよ。逆サイドでも同じようにやってみて！

波

速度は必ず「2×」以上のスローに設定して、スマホを小刻みに震わせるだけ！初心者向けのテク!!

ねおのTikTokテク3

1 置き撮りじゃなくて手持ちが上級者風♥

「セルフタイマーもあるけど、片手で持っていろんな角度から撮ると動きが出てオススメ！」

2 撮る場所を変えるトランジションがクオリティー高め！

「一度撮影を止めて、移動してもう一度撮る。まったく同じ角度から撮るのがポイント」

3 着ぐるみを着るのもこってる感出る★

「ネタっぽい曲で撮影するときは着ぐるみ着たり、とことんあざとくすると人気動画に」

Tik Tokを毎日更新する ねおんふぇるは曲のフン

Tik Tokは曲に合わせてイメチェンしたいから、メイクのなか

「アップテンポのときはしっかり黒フチ★」コンタクトフィルム 02 BR-DB

「発色重視のパキッとピンク」シュウ ウエムラ ルージュ アンリミテッド PK364

アップテンポ は
フチありカラコン ✕ 濃ピンクリップ

耳上シフォンテールでポップさもUP♥

いつものメイクはコレ！

1

「上まぶたはふたえ幅より少し広め、下まぶたは全体にオレンジベージュのシャドーを塗る」

「ラメなしマットな質感。右側2色を混ぜて使うよ」3CE トリプルシャドウ #DAINTY TASTY

2

「下まぶたにピンクのシャドーをON。しっかりのせるとはぼったくなるから薄く!!」

「青みピンクで華やかに♥」マジョリカ マジョルカ シャドーカスタマイズ PK421

3

「SNSの見た目は下まぶたの盛れ次第。ダブルライナーで涙袋を描き、指でなじませる」

「極薄ブラウンだからなじみやすい」ケイト ダブルラインエキスパート LB-1

4

「マスカラを塗る。目はちょっとタレさせたいから、上まつ毛より下目尻をていねいに!」

ヘレナルビンスタイン ラッシュ クイーン フェリン ブラック WP #01

NEO'S SELFIE LESSON

盛れる自撮りの撮り方 LESSON

とりまピースか顔に手を当てる♥

写真の定番はやっぱりこれ！　フェイスラインを隠せば小顔効果もあるしオススメ♥

前髪オンザ時代！

裏ピース！

PEACE

めがねで小顔効果！

盛れないときは顔を傾ける！

基本は正面だけど、いろいろ撮っても盛れないときの最終手段★　ニュアンスが出るよ！

じつは自撮りがそんなに得意じゃない！っていうねおが盛れた！と思うセルフィーだけを厳選して紹介するよ♪

NEO'S SELFIE LESSON

小道具を使って華やかに♥

POPの撮影で使った小道具とか、映えそうなものをフレームINして華やかに。

いちご

タヌキのぬいぐるみ

NEO'S SELFIE TECHNIC
ねお的
自撮りが盛れる7のテク

- ☑ メイクは気持ち濃いめ！
- ☑ 目ヂカラは弱く！
- ☑ 頭を切らない！
- ☑ カメラを研究する！
- ☑ 光がある場所で撮る！
- ☑ あごを引く！
- ☑ アップにしすぎない！

ねおの定番はウインク★

「ウインクうまいね！」っていってもらえる♪ 安定で盛れるからよくやる！

WINK

口元を動かして表情を変える！

あえての半目！

前髪くるくる

いつも同じ顔だとあきられちゃうから、いろんな表情ができるように研究中だよ！

赤リップで顔にメリハリを出す！

写真は気持ちメイク濃いめのほうが◎！赤リップにするとメイクした感が出る！

INディズニー

Red Lip♥♥♥

79

肩を入れる角度が絶対盛れる！

肩をグッと入れてふり返りぎみに撮ると小顔に見えていい感じ。この機種は落書きよりも盛り命！

遠くに目線をハズしたほうがよりデカ目♥

撮影するとき、ねおはカメラは見ないでレンズのすぐ下へ目線をハズすよ。そのほうがデカ目に見えるって発見。

ねお's プリルール 3
安定に盛れるポーズと角度で撮影！

顔にふわっと手をそえると小顔化！

手を顔にベッタリくっつけちゃうと顔認識がハズれちゃうことがあるからふわっとそえるくらいがベスト★

くしゃ顔で顔を小さく見せるのもアリ★

いつもキメ顔だとあきるから、たまにはヘン顔も〜。あとカラフルコーデだともっと映える気がするよ！

このプリ機で撮ったよ！
AROUND20

令和にデビューしたてのオトナのためのプリ機。シンプルでおしゃれな仕上がりだよ！自然に盛れる♪

目線は絶対レンズの下で！

思い出プリ講座♡

映えにこだわるねおはプリへのこだわりもハンパない！そこでねお的にオススメな最新機種から盛れるポーズや落書きまで一挙公開するよ。JKライフの思い出はプリで保存♪

プリレンジャーとして活動中！

プリレンジャー3期生としてがんばってるよ！

プリレンジャーとは？
SNSや雑誌で活躍するトレンドリーダーたちが、10代の最新トレンドとプリの情報をSNSで発信。ねおは3期生として活動中♥

POPの仲間たちがたくさん所属！

プリレンジャーのメンバーとはプラベでも仲よし♥

撮影してないときもみんなで固まって、ずっとワイワイしてる！帰りも一緒に帰ってるよ。

響矢クンと合同バースデー！

撮影中に、響矢クンと一緒に誕生日をお祝いしてもらったよー！みんなからのサプライズに感動した★

こんな動画を配信中！

プリポーズ30連発 ピース・ハート・グーでこんなにあったよ！

プリを撮るときに迷いがちな顔まわりのポーズを、凛音ちゃんと紹介！可愛い系からこぶじいさんまで！(笑)

体育祭シーズン到来！
アレンジきく♡♪ ハチマキの巻き方

体育祭も可愛く戦え！ハチマキアレンジ♪

定番巻きからレベルを上げた巻き方でいろいろお試しした★ねおはネコ耳結びを紹介してるよ♪

太陽と一緒にエモい写真♪ハレーション映え。の撮り方をご紹介♪

ハレーションで映える エモい写真の撮り方

凛音ちゃんと一緒に太陽の光を使って撮る"ハレーション"のポイントを説明してるよ！映え映え〜♥

ねおの 手書き文字 が可愛い

ふだんなかなか見せる機会がない〝手書き文字〟を公開★　このスタイルBOOKのなか

ってウワサ♡

でも、たくさん書いてるから見つけてみてね♥

字はふんわり、丸く書くようにしてるよ。そのほうが女のコらしいし、やさしいフンイキがするから♥ バランスも大事だと思う。

は	ま	や	ら	わ
ひ	み	い	り	
ふ	む	ゆ	る	を
へ	め	え	れ	
ほ	も	よ	ろ	ん

おはよう☀
おやすみ💤
がんばってね

しゅき〜ん
ごめんね
おつかれさま!!

ちゅーもく!!
表紙の文字もねおの直筆

じつは表紙の"ねお"も手書きなの♪ ココだけの話、可愛く書けるまで何回も書き直したよ!

ねお×ママトーク！

おもしろくてファンキーなねおママ。対談はママが終始リードで、思い出すと泣けてくる壮絶体験も語ったよ。

お世話してあげてるママをハワイに連れてってよね！

恩返ししないとだから全力でがんばってるし！

▶▶「バカなんじゃね？」って中学時代は批判されまくり

ママ(以下 ㋱)「ねおが子どものころは、いまより活発。妹のみゆを公園に置き去りにして、自分だけ友だちの家に遊びにも行ってたよね。それでよく怒ってたんだよ」

ねお(以下 ㋧)「覚えてない…。幼稚園のときは家に帰りたくなくて、煙突に隠れたことはあったけど」

㋱「幼稚園で育ててたいちごを勝手に食べるとか、個人行動するコだった。でもダンスを習い始めてから、まわりに変な気づかいが出始めたんだよね。ダンスの先生にセンターに選ばれても、ほかのコが「私もセンターやりたかった」っていうと「ねおはこっちでいい」とか、人にゆずるってことがしょっちゅうあった。もったいない(笑)」

㋧「うれしいことがあっても "まわりはどう思うだろう"っていうは最初に思うんだよね」

㋱「一度だけ泣いて帰ってきて「本当はごめんなさいしたくない」っていったことがあったよね。ただ理由は話さなかった。だから後から知ることが多いんだよ、だれと何があったとか。そういうとこは、いまも同じ」

㋧「それもあんまり覚えてないな…」

㋱「ねおは生まれてくるとき障害があるかもっていわれてて、先生にも「どうしますか？」って聞かれてた。でも産むことに迷いはなく…2か月早い2060gくらいのギリギリの大きさで生まれたんだよね。生まれてすぐ2〜3か月、抱っこもできないまま入院。幼稚園まではまわりのコよりも小さいし喘息もあるし、いつ死んでもおかしくないとは思ってた」

㋧「ダンスを始めて肺活量が鍛えられたよね。それまでは体、めちゃくちゃ弱かったかも！」

㋱「生きててよかったよね」

㋱「本当に。それからミクチャして、Twitterして…最初、ママは全部に反対したよね」

㋧「"SNS＝危険なもの。っていうイメージがあったから。ねおは勉強もしないし遊び歩いてるコだったから、そんなものしてまた変な道に行くんじゃないかって思った。あとやっぱり学校側から聞く意見が「やらせるものじゃない」「受験に響いてしまうよ」ってかんじで…母親としても賭けだったよ。でも、ねおが自分の未来図を描いてたから。まぁまだ若いうちだから失敗してもだいじょうぶだろうし、後悔しないようにしなさいって最終的にはいったよね。それが、ねおが中3のころか」

㋧「学校でいじられたりもしたけど、動画投稿しなかったら繋がれないコたちと繋がれたし、これを続けてたら何かに繋がるかもしれないって考えたら、やめようとは思わなかった。憧れのクリエーターさんたちに会いたい気持ちが強くて、続けてこられたっていうのもあるね」

㋱「友だちだよね？ってコにも「そんな夢もったとこで、秒で帰ってくるよね」っていわれてたよね。中3のときの先生もひどくて「そんなことよりも、バカなんだからちゃんと勉強させてください」「そんなことさせるって、親御さんどんな考えしてるんですか？」ぐらいいわれて。でも、ねおは東京に行くんだっていう夢を変えなかった」

㋧「鹿児島にはないものが、いっぱいある。東京に行けば何かが変わる気がしたから」

㋱「あのころは家にイタズラされたり個人情報を流されたり嫌がらせもハンパなくて、逃げるように鹿児島を出てきたよね」

㋧「見返してやるから見とけよ！って気持ちだった!!」

全部ママに相談するほど仲よし！

仲よし兄弟 ♡

97

Neo's Family

▶▶ **POPモデルになったころは体に異変＆毎日泣いてた**

🈴「上京して3か月は渋谷のホテル暮らし。ぜんぜん苦じゃないし、もう鹿児島には帰りたくないって思った」

🈚「ねおは苦じゃないだろうね。でも、ママにとっては苦だった。ホテル代が(笑)。ねおが『がんばるから、がんばるから！』って目を輝かせていうからいわないわけど、心の中では"くっそ"。と思ってた。"ホテル代、どうやって返してくれるんだよ"って」

🈴「返してるでしょ！」

🈚「そのときから『返すから』っていってたもんね。でもママは心のなかで"絶対、返せないから"って思ってた。もう本当に、ママが病みそうだったよ。いまだからいえるけどすっっっごーイライラしてた！」

🈴「そうだったの！」

はっきりいってねおは男を見る目がなさすぎる！

🈚「でも、ねおに『ホテル代が…』とか話してもなって。上京するときのねおの表情や『やり通す』って言葉が頭に残ってたから、信じたい気持ちもあったし。いままではちゃんとするっていってもやらなかったことが多かったけど、Twitter投稿とかリプ返は毎日やってたしね。そのときに、アンチの言葉とか、怖い、寂しいとかって言葉が箇条書きで書かれたねおのノートがあって…思い出したら涙が出てくる。『ねおっていいよね、ラクしてるよね』っていう方もいるけど、ラクして上がれるコなんて絶対にいない！」

🈴「ね、なんか順調に見られてるよね(笑)」

🈚「去年一年間は、ものすごい病んでたよね。そのころのYouTube見ると、顔がもうぜんぜん違う。ストレス抱えて悪性のホクロまでできたし。POPモデルになってピン表紙もさせてもらったけど、つねに自分でいいのかなっていう葛藤のなかにいたよね。マイナス発言も多くて、人との関わり方もわからなかったんだと思う」

🈴「そのときは、だれを頼ったらいいかもわからなくて、ママにずっと話してたよね。同世代のコにいろいろいわれるのがつらくて、どうしたら受け入れてもらえるんだろうって考えてた。本当、この半年くらいだよ。ダイエット成功して撮影も楽しくなったのは！」

🈚「YouTube始めたときもそうだけど、POPモデルになったときも、すごいたたかれた。それでねおは、アンチコメントを全部書き出して全部変えた。『これでもアンチがおさまらなかったらやめる』っていって。あとねおはもっと男を見る目を磨いたほうがいい！ ねおは男に対してもやさしすぎるんだよ！」

🈴（下を向きながら）「でも、彼氏がいなかったらもっとヤバかったと思う！」

ママに恩返ししたいからディスられてもがんばる！

😊「ママがいなかったらいまこうして活動できてないし、なかなかホメてくれないからこそがんばろうって思える。ねおはお世話になった人へ恩返しの思いがあるんだけど、いちばんお世話になってるのはママ。最近ダイエットしてるから、すごいママにイライラしちゃうんだけどね」

😈「ママも毎日イライラしてるよね、ねおに。『（あごの肉をさわりながら）おまえ、ここどうした？』とかいってるし。まわりにホメられてる環境に慣れそうだから、せめてママはマイナスなことをいい続けてやろうと思ってる」

😊「最低、マジ！」

😈「スゴいって思ってるよ、軽くね。でも『ブスだね』とかいうと、なにくそ！って顔をするじゃん。それって大事なことだと思うから。あえていています」

😊「マジでムカつく！ でもどうしてもホメてほしいから、LINEで大量に写真送りつけたりしてるよね(笑)」

😈「親としては、安心したことは一度もない。泣いてる姿も見てるしね。あんまり泣かないほうがいいよ？ 体の水分なくなって、脱水になるよ？」

😊「オッケー」

😈「最近は°(病むの)好きだね〜。って目で見てるけど。そのくらいに思っておかなきゃ、ママのほうがいまごろ入院してるよ！ ねおは、もうちょっとしっかりして強くなって自信をもちなさい!!」

😊「がんばります(小声)」

ねおからママへ

ママへ。

いつも本当にありがとうございます!!!

最近は 口ゲンカ？みたいなのが多くてお互いにイライラしちゃってると思う…。ごめんなさい。

18歳にもなったのに今だに頼りすぎちゃっていて「まだまだだな〜」って感じてます…

ねおはママがいないと生きていけない!♡必ず自立できるように頑張るね!!

これからもねおをよろしくお願いします🙇
だいすきです!

ねお。

ママからねおへ

洋服もシェアするしなんでも話せる！ ママ大好き♡
アディダスとかスポーティーなアイテムは、ママも好み。服を買うときもママに相談してる！ サイズも一緒だよ♡

NEOさんへ

努力をあきらめずにまっすぐに夢をおいかけるねおはすごい!!

おこりんぼのママだけど、ねおの1番の味方です。

これからもけんかをしながら共に成長しよう!!

ねおはねおらしく

P.S たまには、おてつだいよろしくね。

とある2日間を追ってみた！

ねお密着 Neo48h 48時間

「丸一日OFFってことはほぼない！」ってだけあって撮影にイベントと大忙し！だからこそ空き時間は有効活用する派だよ♪

1日目START！
POPの撮影から北海道へ移動！

09:00 おはようございます！からのPOPの撮影へ！

20:00 念願のジンギスカン！
北海道が想像以上に寒くて長そでの服を購入。1時間半待って人気のお店"だるま"で食べたよ！

2日目START！ 北海道でイベントしたよ！

9:00 歯磨きTIME♥

8:00 ホテルでお目覚め！ おはよ〜

10:00 北海道を散策！
きのう買ったパーカを着て朝ごはんを食べにお出かけ。北海道で食べる海鮮丼おいし〜♥

YUMMY！
11:00 大好きな海鮮をペロリ♥
サインを書かせていただきました！

広ーい！
12:00 テレビ塔
イベントまえにまたまたお散歩！

22:00 無事帰宅！ Bonクン ただいま〜 おやすみなさ〜い Zzz…

19:00 SMILE
空港をプラプラお散歩〜！

プラプラ

09:15
電車に乗ってスタジオへ
レッツゴー！

Popteen 撮影中♥
10:00
後輩プロデュース企画！

13:00
撮影終わって美容院へ！
髪の毛は定期的にトリートメント♪ メンテもおかげでサラサラの髪をキープ♥

北海道到着♥
18:00

16:00
イベントのため北海道へGO！
久びさの飛行機にドキドキ！フライト中は大好きな音楽を聴きながら外を眺めてた！

LOVE

14:00
イベントでみんなと記念撮影♥

SPINNS イベント！

13:00
イベントの会場入り！

17:00
終わったらすぐに私服にお着替え♪

17:30
移動のバスの中はSNS見まくってるよ！

イベント終了！

16:30

つえるっ子からの質問！
POPのこと！
SNSの裏バナシ！

ねおに100の質問

職業はモデル&動画クリエーターで現役高校生のねおを深掘り！NGなし、本音で答える100の質問スタート★

01 ねおってどんなコ？
ワガママ！

02 ねおんつぇるのあだ名はだれが考えたの？
ねおがずっとまえからお世話になってた動画投稿者の方の生配信に行ったとき、ノリで「あだ名考えて」っていったらつけてくれた！ラプンツェルが好きだから、すごい気に入ったよ。

03 好きなものは？
人が好き。好きになった！

04 嫌いなものは？
リアルなカエル。
鹿児島にいるときに冗談抜きでこれくらい（手を大きく広げる）大きいカエルが道路に立ってて。危ないからこっちに手招きしたら、バーン！って大きな音が鳴って車にはねられて死んじゃった。それからトラウマ。

05 特技は？
SNS！

06 ログセは？
「なんか」「でも」
あいまいなことばっかいっちゃう！

07 小さいころはどんなコだった？
男のコとずっと外で遊んでる、口が悪い女のコ！

08 反抗期はあった？
ない！ってママがいってた。ママとケンカはよくするけど、反抗期ではない。

09 習い事はしてた？
ダンス、ちょっとだけ水泳、硬筆、塾、バレエ！
ダンスは12年くらい、塾に関しては中2から中3にかけてガッツリやってたけど、ほかは興味がなさすぎて秒であきた。自分の意思でやったのは、ダンスくらい。

10 ネガティブ？ポジティブ？
完全にネガティブ！
つねに1回ネガティブなことを考える!! ポジティブになったらラクかな～って思うけど、ならなくてもいいかな。行動しようと思っても先に悪いこと考えてるから、怖くないっていうのもあるし。行動力はあるかな。後悔するのが嫌だから！

Part 1
ねおって こんなコ！
負けず嫌いのがんばり屋さん♥

This is

about NEO!!

Q11 いわれてうれしい言葉は？

「スゴいな！」

YouTuber・アバンティーズの方に動画を頼まれて秒で送ったら「可愛い！」って返事がきて。「スゴい！」って言葉を待ってたのに…。モデルの撮影とかで「可愛い」っていわれるのはうれしいけど、SNSだと「スゴい！」っていわれたい。だからもう、ガッカリ、ガッカリよ。

Q12 怒ったらどうなる？

しゃべらなくなる。怒られても、しゃべらなくなる。部屋の隅っこに行って、マネージャーさんからの連絡はシカト。見てはいるけど、読まない。そうするとマネージャーさんがママに連絡する。

Q13 最近泣いたのはいつ？

セカオワ（SEKAI NO OWARI）※のライブ行って、ファンとの交流を見てたら感動して涙が出た。

Q16 睡眠時間はどれぐらい？

平均2〜3時間。

5時〜6時くらいに寝て、8〜9時とかに起きる。リップシンクとか撮るってなると、24時くらいにならないとスイッチが入らない。

Q14 得意料理は？

卵焼き。

甘い派。これだけはなぜかできる。

Q15 休みの日は何してるの？

だれからも誘いがこなければ家にいるけど、だれかからか誘われたら外に出る。そうするとメイクもするから、動画も撮る。SNSはつねに動かしてるよ。でも最近、自分からも誘えるようになった！

Q17 人見知りはする？

だいぶしなくなったけど、大人数の現場だとしゃべらなくなる。まわりから見たら人見知りにも緊張してるようにも見えないらしいけどね。

Q18 人生で挫折したことは？

毎日挫折！

一日終わったあとに、いろいろ考えることが多い。本当にたま〜に、マジでやりきった！ってときもあるけど。

Q19 コンプレックスはある？

全部！

最近、撮影で横顔を見せることが多いんだけど、鼻の低さがスゴい。ママの遺伝だけど。めがねがズレ落ちてくる。手でつまんだりはしてるよ。でも意味ない。横向かなければノーズシャドーとかで鼻が高く見えるから、メイクさんにやり方聞いて練習するようにはしてるよ！

Q20 これだけはだれにも負けないってことは？

これやる！って決めたら最後までやること。

Q21 緊張はする？

毎日する！イベントとか収録まえは、緊張しすぎて帰りたくなる。

POPの撮影もファッション企画は緊張するよ！

Q22 どんなときに病むの？

自分の思ってるとおりにいかないとき。

思い描いてるレベルは高いと思うけど、納得したらそこで終わりだと思うから。まぁ〜思ってるとおりにいかないくらいがいいのかな。ママには「もっと自信もて」っていわれてるけど。

Q23 ストレス発散方法は？

好きな人に会う！友だちとかお世話になってる人に会っていろいろしゃべってると、いつのまにか（ストレス）消えてる。

Q24 消したい黒歴史はある？

ありまくり（笑）。SNSに1回投稿すると2度と消えないから、むかしの動画とか見ると自分が気持ち悪い。手の動きとか（笑）。**YouTubeの初投稿とか黒歴史すぎる！**

Q25 いまだからいえる、ねおの秘密は？

髪の毛が薄すぎて、ハゲてる説。

長さはあるけど、エクステつけないとムリ！頭皮マッサージして、美容院に行ったときに相談してる。

Part 2 ねおを変えた Popteen

モデルとして認めてもらいたくて
ダイエットした！

Q26 POPにきたきっかけは？
『ミックスチャンネル』やってるときJC企画に呼ばれた。

Q27 初登場見せて！
太りすぎててビックリ！

Q28 アンチはどう思う？
リアルな意見を避けてきてたら、いま自分いない。
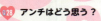

Q29 はじめての撮影はどんなこと思った？
カメラマンさんのシャッター切る音が早すぎて、アドバイスもしてくれたけど怖すぎて…〝これ耐えられないかもしれない。って思った。

Q30 初ピン表紙はどう思った？
キンチョーしすぎてて、うれしさより不安のほうが大きかった。

Q31 ピン表紙、まわりの反応はどうだった？
友だちとか先輩とかからは「おめでとう！」っていってもらえたけど、同世代の女のコにはこんなにいわれるんだ！ってくらい「ピン表紙早すぎる」とか、納得してもらえない声が多かった。
ここまでいろいろいわれたことっていままでなかったから、グサッともきたよ。でも、自分でも確かにそう思ったから、若い女のコたちがツイートしてるのをマメに見て研究して直していった。

Q32 自分にとってPOPとは？
自分を変えてくれた場所！

Q33 POPモデルになって想像と違うところは？
とにかく大変。こんな朝早く撮影してるとも、写真1枚選ぶのにこんなに撮影するとも、スタッフさんがこんなに多いとも思わなかった。

Q34 POPモデルで仲よしはだれ？
のあにゃんかな〜。
のあにゃんと仲よくなってからほかのPOPモデルとも絡むようになったし、信頼できるコがいると撮影も楽しくなった。

Q35 仲のいいメンモは？
きいたクン！

わりとなんでも話せる。

Q36 POPモデルとしての目標は？
もう1回、ピン企画、ピン表紙がしたいっていうのもあるけど、高3だしみんなを引っぱっていけるような存在になりたい。

Q37 POPモデルになってよかったことは？
意識が変わった。ごはんとかなんでもいいやって思ってたけど、食事とか体型維持のために制限してるし、美意識も高まってきて〝女のコ。になれた。POPに出会ってなかったら、あいまいな毎日だったんじゃないかな。

Q38 いままででいちばん盛れた写真は？
タヌキ顔メイクのとき！

Q39 楽しかった企画は？
全部楽しいけど、のあんつぇるとかねおめるとか少人数でつくるページは、一日一緒にいるから仲よくなれるし達成感もあるから好き。

Q40 たいへんだった企画は？
「ねお100」。リアルに一日で70着くらい服を着て撮ったのが、マジで大変すぎた。

Q41 POPモデルになって変わったことは？
見られてるって意識をもつようになった！！

Q42 もし編集長になったら何をしたい？
エラくなりたい！モデルたちみんなとしゃべってみたい!!

Q43 JKのうちにPOPでやりたいことは？
ピン企画もそうだし、とにかくたくさん観れたらいいな！

Q44 次世代モデルにいいたいことは？
もうちょっと、自分を出して全力でやったほうがいいのにな！って思う。ねおが入ったときって、メラメラしてたから。

Q45 POPモデルで一日入れ替わるならだれになりたい？
めるる。毎日HAPPYそう！ ずっと一緒にいても、ずっと笑ってて。ああいうコって、現場に必要なコだと思う。

Q46 モデルとして意識してることは？
体型維持！ 太りやすいタイプだから、気を抜いたらすぐ太る！

Q47 モデルになってツラかったことは？
まわりのコがポージングもうまいし可愛いし細いから、それ見たあとに自分のこと鏡で見ると〝うわっ。て思うことが多かった。

Q48 POPでのライバルはだれ？
自分。自分以外いない！

Q49 POPにひと言！
いつもありがとうございます！それにつまってる！

Part 3 SNSにはこだわりまくってる！

ねおがいまここにいるのはSNSがあったから！

50 SNSはいつから始めたの？
中1！ 小6からスマホ持ってたけど、厳しく制限されてた。中2くらいになってから、ミックスチャンネルやり始めたよ。

51 始めたきっかけは？
スカイピースのテオくんとジンくん、きりたんぽくん、この3人に憧れて。Twitterは、ちぃぽぽしにお礼のリプを送りたくて始めたよ。

52 ねおやまわりに変化はあった？
応援してくれる人もいれば悪くいうような人もいた。いろんな考えもつ人がいるんだなってことを学んだよ。

53 SNSのよいところとは？
自分を出せる場所。SNSじゃなきゃ出会えない人もいる！

54 総フォロワー300万人に伝えたいことは？
本当にずっとついてきてくれて、ありがとうございます。SNSがなくなったら、ねおもなくなる。

55 街で見かけたら声かけてもいい？
ぜんぜんいい！ マスクにキャップしてても、声かけてくれていいです。写真は難しいけど、握手はさせてもらうよ!!

56 SNSでのこだわりは？
あきさせないようにする。できるだけ等身大の自分を見せつつ、距離近い系でいることかな。

57 写メを可愛く撮るコツは？
オレンジ色のライトを使う！

58 好きなカメラアプリは？
B612。フィルターはノーマルで、肌をMAXキレイにする。

59 Tik Tokのこだわりは？
動画に合わせてメイクとか服を替えたりもだし、同じテイストの上げないようにしてる。

60 Tik Tokで最近のマイブームは？
目をキョロキョロさせる。

61 Tik Tokをうまく撮るコツは？
マジで練習！ ねおも教えてくれる人がいなくて、独学だったよ。おもしろい人の動画をじっくり見て、研究。

62 YouTubeのこだわりは？
リクエストに応えつつ、ためになる動画を上げること！

63 YouTubeのあいさつは？
ねおです！しゅきーん❤

64 だれが考えたの？
ポーズは自分だけど、事務所の社員さんと話してて「シャキーン！」って言葉をつけた。最初は恥ずかしかったけど（笑）。

65 仲のいいYouTuberは？
きりたんぽくん！

66 Twitterのこだわりは？
自分の情報発信しつつ、ファンと絡むようにする！

67 Twitterで特に反響があった投稿は？
表紙のときは、リプの数多い！

68 インスタのこだわりは？
ストーリーズでリアルないまの自分をつぶやく。投稿は自分の思い出をのせることが多くて自己満の世界だから、なんでこんなに見てくれる人がいるんだろうって不思議です（笑）。

69 ねおにとってSNSは？
自分の原点！

70 よくチェックするSNSはだれの？
ファンのコの！

71 PopteenTVでやりたい企画は？
ドッキリやり返す！ のあにゃんと響也くんとかに!!

72 炎上したことはある？
バリバリ！
すみませんでした！2か月1回ペースくらいで炎上してる。

73 SNSで人気になるために必要なことは？
毎日続けること！

74 映えスポットは？
わかんない（笑）。でも単色系の場所が好き。新大久保のカフェは、おいしいし店内も映えてるなーって店が多いと思う！

Q89 人生でいちばん幸せだと思った瞬間は？
日々、幸せかんじてる！ネガティブに考えるからこそ、ささいなことでも幸せを感じられるよ。

Q90 Bonくんの好きなところは？
ぬけてるところ！あと目が離れてて、へなちょこな顔が可愛い!!

Q91 どうしたら努力を続けられるの？
自分に満足しない！
満足したらたぶんSNSやめる!!

Q92 ハマってる曲は？
WHITE JAMサンの曲！いままで行ったライブのなかでも、WHITE JAMサンの演出がすごくて。余韻が残ってる。

Q93 オススメのタピオカ店は？
『THE ALLEY』の黒糖ラテ。ただ甘いだけじゃないし、見た目もおいしそうだし、黒糖は最高！

Q94 前髪はどうやって薄くしてる？
切る段階で薄くしてる！
「サロン ド ミルク」の山戸サンが担当。いつも「笑ったときに前髪から眉毛がひょっこりしないくらい」ってオーダーしてるけど、ほかの美容院で同じこといってもダメだった。やっぱ山戸サンだな〜って。安心感！

Q95 ねおにとってつぇるっ子は？

なくてはならない存在！

Q96 あした世界が終わるとしたら？
お世話になった人に会いに行って、好きな人集めてごはん食べる。すし、肉、サラダ、オムライス…炭水化物で埋め尽くしたい!!

Q97 生まれ変わったら何になりたい？
男のコ！ だったら絶対にモテてたから。のあにゃんとか愛瑠サンとかばぴにもいわれるんだけど、やってることが男前らしくて。男ならいい彼氏になってただろうなと思う。

Q98 座右の銘は？
努力は必ず報われる！
自分の経験から実感してる。

Q99 へそピって痛い？
痛い！マジで痛い！
でもママが「水着スナップあるし、あけたほうがいいっしょ！」っていって、ニードルであけてくれた。

Q100 最後につぇるっ子にひと言！
ありがとうございます！
スタイルブックができたのは、みんながいるおかげだと思う。ありのままのねおを好きでいてくれたらな！

撮影／神戸健太郎

ねおの恋愛データ

- 初彼氏
  中2
- つき合った人数
  4人
- 最短　最長
  2か月　1年
- 好きな人のタイプ
  ゴツくておもしろくて努力してて、ハグしたときに包み込んでくれるような人♥

恋の話

ねおLOVE

「恋愛体質すぎる！」から、つねに恋愛していたい。
過去の恋愛はふり返らないタイプだけど、ここでだけは
特別にふり返ってみるよ。

**過去の彼氏はお金を要求する男に浮気男！
いつもダメ男に惹かれちゃうんだよね…**

　初めてつき合ったのは、中2の冬ころ。その人は鹿児島では悪い意味で有名な2コ上の先輩で「なんでそんなフォロワー多いの？」ってTwitterでDMきたのがきっかけ。ちょうどねおが動画投稿とか始めだした時期だったんだよね。いま思えば、彼はねおのフォロワーが欲しかっただけなんだけど。お金問題もダラダラで、彼は学校にも行かずねおが学校から帰るころに家にきて、ずっとひっついてきた。動画も撮りたいし、1人の時間も欲しいのに！ってストレスたまっちゃって…。そんなとき彼の浮気も発覚。「つき合ってる意味なくない？」って証拠を見せつけたんだよね。そしたら、泣きじゃくってた。そんな彼の姿を見て、バカじゃないの？って思ったよね。でも結局「ねおがいないとダメだ」っていわれてヨリを戻した。それでまた浮気されたんだよ。1人目の彼氏で学んだのは、クズは一生クズ男ってことだね。
　そのあとも、恋愛体質だからつねに恋はしていたいし、ホレっぽいから相手に「好き」っていわれて、いい人だしいいかな～みたいなかんじでつき合った人もいた。浮気男もいたけど、その人には最終的にねおが振られたんだよね。人生で初めて振られて、悲しいというよりわけわかんない。振られたって事実が、嫌すぎた。「ここが嫌いなんだよね」っていわれるならがんばって直せるけど、「疲れた」っていわれて、ねおも「疲れさせるくらいなら、一緒にいる意味ないね」っていってイッキに冷めちゃった。どの恋にも、未練はない。思い出の物もおそろいで買ったものも全部捨てたよ。

Chuuu~ ♡

恋愛は勢いも大事だけどれだけじゃダメ 見極めることが必要なんだってことを学んだ

　恋愛は、見極めが大事。見極められてない人がいうのもあれだけど(笑)。「ごはん行こう」っていわれたら "お!?"ってなるし、弱ってるときにグイグイこられると、めっちゃ押しに弱いしつき合っちゃう。悩む時間もムダだなって思ったし。だけど、ちゃんとその人のことを知ることが大切なんだよね。

　そもそもねおの好きなタイプは、礼儀というか筋が通ってて、がんばってて、ベイマックスみたいにガタイがよくて、やさしい人。なのに、好きなタイプに当てはまるものがひとつもない、細い人としかつき合ったことない。結局わかんないよね、タイプって。でも、店員さんとかにタメ語なクレーマーとかはムリ! 髪の毛とか食べ物に入ってたら、自分で取ればいいじゃん!! ねおは静かに髪の毛を取って、その部分を残すタイプ。目立ちたくないっていうのもあるけど、カッコつけてる感を出されるのが嫌だ。飾らない人が好きだな。恋愛対象は、35歳くらいまでの男性で年下はダメだよ!

　ソフレ、欲しいね〜。だれかに横にいてほしいタイプだから。家でも弟と一緒に寝てるし。独り好きの寂しがり屋。めんどうくさいやつになってる(笑)。好きになったら、自分から「会いたい」とかはバリバリいえるよ。「好き」はいわないけど、ギリギリは責められる。恋愛してもふだんと変わらないと思うけど、彼氏にはワガママいえるかな? 喜怒哀楽は激しいかも。

恋愛と仕事は絶対に両立できると思うし 精神安定のために "彼氏" は必要!

　結婚願望は、ある。25歳くらいでしたい。なんでかっていうと、べつに結婚して何がしたいっていうより、結婚って永遠だと思うから。結婚は(婚姻届に)書くけど、つき合うって口約束なだけでしょ。だから、結婚したら "永遠だなぁ" って思って安心しそう。永遠じゃないかもしれないけど(笑)。永遠の愛が欲しい。のあにゃんともそんな話をしてるよ。

　のあにゃんとは、恋愛の話をよくしてる。考え方が似てるの。お互いの話っていうより、例え話。こうだったらこうするよね、とか。彼氏が自分以外の女のコとしゃべるのとかLINEするのとか、本当にムリ!　束縛は激しいってよくいわれるね。

　最近は、恋愛していないけど…ごはんに行ってる人はいる♡気があるな〜くらいで、どうなるかはわからないけど。この本が出るころには、(彼氏)できてるかな?　マジでねおは、彼氏がいたほうがいいと思う!　恋愛してる自分のほうが明るい気がするし、精神が安定するから。自分のことを相手してくれる、居場所が欲しいんだよね。だから彼氏ができるチャンスを待ってるんです(笑)。

111

いままでだれにも話せなかった
過去のことを話すのは
正直すごくすごく怖いけど
ありのままの自分を見せたいから
はじめて全部お話するね。

Neo's
Story Of
Move To Tokyo

むかしの話

ねお上京物語

ここまで順調に進んできたように見えるけど、じつは人一倍強い思いで、勇気をもって行動してる。孤独な鹿児島時代があって、いまがあるよ。

ミックチャンネルに動画を投稿「恥ずかしい」って批判された

中2のとき、学校でいちばん流行ってたSNSがミクチャ。自分も投稿してみたい!って思うようになって始めたんだけど「鹿児島のヤツが投稿してる」って馬鹿にされて、学校でも「よくそんなことできるね」っていわれた。学校の先生にも「ネットって怖いんだよ」って、遠回しにやめたほうがいいっていわれるし。自分のこと応援してくれない人に自分のことを話すのは好きじゃなかったから、当時はつねに反抗的だったなって思う。自分でも、恥ずかしいことなのかな…っていう思いもあったよ。ぶっちゃけ動画撮るとき恥ずかしかったし、よくわかんない気持ちでやってたから。それで動画を消したんだけど、やっぱり見る側でいると、こんなにおもしろい人いるんだ!って動画投稿者への憧れの思いが強くなった。この人たちに会いたい!って。とりあえず*会う。ってことを目標にがんばってみようと思って、動画投稿を再開したの。

そのとき流行ってた『双子ダンス』を妹にも協力してもらってやってたよ。動画投稿はじめて2～3か月たって、少しずつオススメランキングに載るようになって「次の動画、楽しみにしてます」っていうファンもたくさんいるって気づいたときに、学校でいろいろいわれることが変に思えてきた。自分のやりたいことを認めてくれない人たちのことを見返そうって、そのときに決めたよ。

いままで学校では「この人の動画、おもしろいね」とか、ミクチャの話題は出ないくらいみんなで見てたのに、いざ身近な人がやると批判するんだよね。ねおにとって友だちって、お互いのやりたいことを一緒にがんばったり、背中を押してくれる存在って思ってた。本当の友だちってなんだろう?ってすごく考えたよ。

友だちや先輩との縁はすべて切って独り泣きながら鹿児島を離れた

いまの事務所のVAZを見つけて、オーディションを受けてみたの。動画審査で『双子ダンス』を送ったのかな? そこで見事に落とされた。まぁぜんぜんおもしろくないし、人がやってることやってるだけで、魅力もなにもなかったからね。だけど落とされたことに、カッチンときて(笑)。そこからまわりにいわれることがどうでもよくなって、火がついた。もっと有名になって、いろんな人とからみたい!って思うようになって動画投稿続けたら、VAZのクリエイターの方たちがからんでくれるようになって「会ってみたい」「一度話してみたらどうですか?」ってVAZの社長にいってくれたの。そこから、ちょくちょく東京に行くようになったってかんじかな。

VAZのクリエイターになって「東京にきてほしい」っていわれてて、中3の冬休みに上京したよ。とにかく鹿児島には自分の居場所がなくて、早くこの街を出たかった。友だちも先輩も仲いい人はいたけど東京に行くことが決まってから孤立することが増えた。Twitterも東京に行くタイミングでフォローを外したの。いまでも思い出して切なくなるときある

よ。だれにもいわずに東京出てきた。そうじゃなきゃ、嫌なことがあったときに（仲いい人たちに）逃げてしまいそうな気がするから。会いたいなって思うことは、たまにあるけどね。

鹿児島から東京に向かう飛行機で泣いたのは、なんかもう切なくなっちゃって…寂しさも怖さも不安もあった。でも自分で決めたことだし、「いま目の前にあること全力でがんばったら何かあると思う」って社長がいってくれたから。自信はないけど、一歩踏み出せたよ。

田んぼ暮らしからイッキに都会の生活へ 東京では人に恵まれていまがある

地元にいるときに、いちばんグサッときた言葉が「友だちよりお金選ぶんだ」とか「友だちより仕事のほうが大事なんだ」ってこと。確かにそう見えるのかもしれないって思ったし、いまここでいい返したところで自分はまだ何もできてないから、何もいえないなって思った。何か残してから、鹿児島に戻ってきてやろうと決めたよ。"だれかに認めてもらいたい"っていうのが、努力できるいちばんの理由かもしれない。いままで認められてないぶん、その欲求がすごいよ（笑）。

とにかく東京は、話すのも歩くのもすごい早い。なかなか慣れなかったけどまわりにいるのがあったかい人たちで、東京にきて困ったことはないかな。ママは家の契約的にも「2年間で何もなかったら（鹿児島）帰る」っていってたけど、そこで帰るかもしれないとは思わなかった。なんかわかんないけど、（鹿児島に帰る自分は）思い浮かばなかった。高2の夏に鹿児島のマルキューイベントで地元に帰れたときは、うれしかった。当時、ねおのことを批判してきたコたちもこっそり見にきてて「可愛くなった」とか「トークもうまい」ってツイートしてるのを知って、ちょっとでも認めてくれたのかな？って思えた。

ねおは表には出さないけど、心のなかではつねにPOPでも中心でいたいって思ってる。でも、口に出すとその言葉で満足しそうな気がするから。ほかのモデルさんとか編集さんにも、努力の結果を見てもらいたいと思うから、あんまり口には出さない。めっちゃ負けず嫌いだよ！「くやしい」って言葉に出さないけど、そのぶん動くの。努力した人が、上に行けるって思ってるから。満足するときは、きっと死ぬとき。

たまたま"流れに乗った人"じゃなくて "ねお"として認められたい！

ねおは、自分のなかで余裕をつくるのが好きじゃない。1年後の目標とかだと、まだ時間あるじゃんって思うから"きょう、こうする"って決めてる。やるって決めたらすぐやるし、とりあえず迷ってるんなら、1回やってみようかって。このあいだまで「15歳です」っていってたのが、もう「18歳です」っていわなきゃいけなくて、最近年を感じて時間がもったいないしね（笑）。でもネガティブだから、ネガティブな方向に1回考えて簡単には決めないよ。考えるけど迷わない！

いままで"YouTuberのねお"とか"動画投稿者のねお"っていわれることが多くて"流れにのった人"って見られてるかんじがあった。いまは"ねお"としていろんな人に認めてもらえて、マルチに活動できる人になることが目標かな！

自分の道は自分で決める。
結果を残してみんなに恩返しがしたいから！

ねおをよーく知る ねおって

吉田凛音サン

ねお！ スタイルブックおめでとう💕ねおはスゴく努力家でいつも可愛くてときには私が年下みたくなってしまってるけど(笑)。そんな大好きなねおがスタイルブックを発売することが決定して、私はとてもうれしいです！ これからも楽しみにしています！ 応援してるよ💕ごはん行こうね〜!!!

ヒカルサン

ねお💕スタイルブック発売おめでとう！ はじめて会ったときはまだねお💕は15とか16やった気がする。そのときからずっと礼儀正しくてそこらへんのオトナ以上にオトナな心を持ってて驚いたのをいまでも覚えてる。そんなねお💕のいまの活躍をリアルタイムで見ててうれしく思う。これからもお互い切磋琢磨していい関係でいましょう。おめでとう。

きりたんぽサン

ねおはいつもまわりに気づかいができて思いやりがあってやさしい、そしてつらいこともバネにして努力しているのを近くで見ていてとても尊敬しています。ねおといるとなんでもないことが楽しく感じたりす。いままで次に会える日までがんばろうと思える!! いまでもこれからもずっと大好きだし、一緒にいたいです💕

かすサン

ねお💕は会うたびに可愛くなっていって、「あぁ私もがんばらなきゃな…」と思わせてくれる存在です。もういわれすぎてると思うけど、本当にいいコでがんばり屋さん！ ストイック！ 忙しいと思うけど、がんばりすぎず、まわりを頼って、私も頼って(笑) また焼き肉いこうねっっ！ ねお💕スタイルブック発売本当におめでとう!!💕

ほりえりくサン

いろんな活動をしているねお💕をいつも陰ながら見ててすごいなあー！って思ってるよ！ 鹿児島から出てきたばかりのときから知ってるからそこから共演できたり一緒に動画撮れることがうれしいです！ スタイルブック発売おめでとう!! これからもお互いがんばっていこうね!

黒石高広サン

押忍スタイルブック発売おめでとー!! ねお💕表現力豊だから俳優としてねお💕から学ぶこと多い! また仕事一緒にしたいね! 本当におめでとう！ 押忍!!

歩乃華サン

ねお💕おめでとう★ いまでもはじめて出会った中学校3年生のねお💕を思い出せます。だれよりもがんばり屋さんでいちばん年下でがんばってきたねお💕は、いまではだれもが尊敬する18歳！ ずっとねお💕がキラキラ輝きますように。大好き!!

momo hahaサン

ねお💕はオトナっぽくて子犬みたいな女のコ。見た目は大学生の私よりオトナみたいで、考え方も高校生とは思えない！ でも人なつっこくて可愛いという、オトナっぽい(掛ける)可愛いの融合体みたいなコです。一緒にいると癒されて、不動の愛されキャラだと思います。

AKIサン

若いのに、礼儀があって、可愛くて、よいコです。野球選手で例えると、現役時代の広島カープの緒方市監督みたいな。走攻守、三拍子そろってる女性。尊敬します。愛する妹よ、スタイルブック発売おめでとう！

ねお*！ スタイルブック発売おめでとう〜♡♡ ねお*はいつもやさしくて、可愛くて、何ごとにも一生懸命で、がんばってる姿を見てまだ若いのに本当にスゴいな〜と尊敬します！ 気軽にごはん誘ってね！待ってる！ ねお*大好きだよ〜！*！

林田真尋サン
（フェアリーズ）

ラファエルサン

ねお*スタイルブック出版おめでとう！ ぜひ読ませていただきたいと思います。これからもYouTube活動とモデル活動等がんばってね、応援してます！

31人が登場！
みんないつもありがとう♡
こんなコ♡

友だち、事務所の先輩、POPモデル、スタッフなど、ねおの仲間からたくさんのメッセージが届いたよ

SHIROSEサン
（WHITE JAM）

田口珠李サン

Message / SHIROSE from WHITE JAM
世の中には、いろんなジャンルの*可愛い*があるけど、SNSというジャンルでいちばん*可愛い*のは、ねお*だ。そう思っているのは、きっとボクだけじゃない。ボクたちの「あいのデータ」という曲は、ねお*がTik Tokで*可愛く*リップシンクしてくれた事をきっかけにヒットした楽曲。WHITE JAMの曲をブームにしてくれた恩人です。あー、*可愛い*。「ありがとう」という気持ちと、それ以上に「*曲*」という物体は、SNSによって変化する*そんな音楽の次なる可能性を、*可愛く*しめしてくれた第一人者。その*可愛さ*は、音楽業界からも注目されてる。時代も、世の中も、音楽も、変わっていくけど、その中心にいる存在です*^^このスタイルブックでは、あなたがねお*の考え方、スタイル、可愛さにふれる1ページになればと願う。

スタイルブック発売おめでとう！ 長い間仲よいねおのスタイルブック発売は自分のことのようにうれしいです！ そして、こうしてメッセージを送れていることもうれしい。ありがとう！ 相手のことを自分のことのように考えてくれて、本当にやさしくておもしろくて心がキレイなねお。いつも助けられてます。そんなねおのステキなスタイルブックがたくさんの方々に届きますように！ 改めて、発売おめでとう！ そしてそして大好きです♡

ねお*スタイルブック発売おめでとう‼ ねお*は18歳なのにめちゃくちゃしっかりしてて年下には見えないときが9割ほどあります。僕が18歳の時なんてまだ足の皮を食べてました。そう思うとねお*は本当にすごいなぁと思います。最近は少し仲良くなったと思うのでたまには蹴ってください。これからもいろいろな活動がんばってね！！！

ジュキヤサン

楠ろあサン

スタイルブック発売おめでとう♡ 出会った3年まえから変わらず努力し続けるねお*を近くで見てきたのでどんどん夢をかなえていくとこを見れて本当にうれしいです。これからも謙虚で努力家のねお*を応援してます！ おめでとう😘

ゆなチャン

初のスタイルブック発売おめでとうございます！ いつも何ごとにもまっ直ぐに向き合っていて、まわりを見て行動できるストイックなねお*が憧れで大好きです！ ねお*みたいなステキな女性になれるように、これからもたくさん勉強させてください！

マネージャー
岡田康平サン

念願のスタイルブック発売おめでとう！いつも「やる」と決めたことは絶対にやり通すねおジ*を見ていて、マネージャーとして本当に心強く感じるとともに刺激を受けています。まだまだねおジ*の夢や目標はもっともっと高いところにあるはず。それはボクも同じです。達成するまで笑ったり泣いたり、ときにはぶつかったり、一緒に全力で走りきりましょう！これからもよろしく!!

マネージャー
関根香菜サン

初のスタイルブックの発売おめでとう！ねおジ*担当するようになってもう1年?たつのかな？ 仕事面に関してストイックでスゴいなって驚かされる面が多々あります。そんなねおジ*を支えられるようにこれからも一緒にがんばっていきましょう！(たまには息抜きも忘れないでね♥)

ねおジ*、スタイルブック発売おめでとう！ 初めて会った中学3年のときから変わらず、内に秘めた闘争心でより上に向かっていく姿に感心してます。ティーンモデルとしてある程度の立ち位置を得たいま、さらなる活躍を期待しています。また、自分を追い込みすぎるときがあるからそのときは遠慮なく事務所を頼ってね。これからもよろしく！

所属事務所代表
森泰輝サン

おねねはいい意味で会うと印象のギャップがあるコで、すごくまわりに気を使えるコだし、だれとでもフラットに接することができて、1度会ったらみんな好きになる魅力があるコです。ちょっと繊細なところとか、楽しいときは思いっきり笑ってるおねねがいつも可愛いな〜って思います。これからも変わらずにいてね😊

ヘアメイク
五十嵐サン

What do you think of me?

ねおはほんまにみんなのこと考えれて、いったことはちゃんとやれるコやと思う。負けず嫌いやし、でも現場ではニコニコしてくれるから、現場が和む😊 入ってきたときより成長したなーって感じるから、撮影してて楽しい。これからもその気持ちを持って何事にもチャレンジしてほしいな！

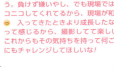

カメラマン
tAikiサン

つぇる、スタイルブック発売おめでとう！
あまり自分の気持ちを表に出さないつぇるだけど、だれよりもいちばん伝わる努力を続けていること、ちゃんと見てるよ！ POPモデルデビューしてから、アンチに心が折れてしまいそうになったこともたくさんあったと思います。でも、どんどんヤセて可愛くなっていくつぇるの姿に勇気をもらったファンもたくさんいると思います！ 女のコは努力で変われるということを伝えてくれてありがとう。高校生でいられるのもあと少し。Popteenでの青春を悔いなく、過ごしてね。つぇるは、1人ではありません！ POPという最高の仲間がいること、居場所があることを忘れないでね！

Popteen編集部
塚谷

鶴嶋乃愛チャン

ねおは、まわりをスゴい見てる。私がヘコんでるときビックリするほど、パピごはん行こ？ だいじょうぶ？ってすぐにいってくれる。だからといって、八方美人でもなく、すごいハッキリしてるしサバサバ💕です

生見愛瑠チャン

おねえすは本当に、気づかいのプロ！気づかいの極意の本が出せるレベルで素でステキな子です！ 一緒にいて本当に落ち着くしラクだし…親友として仲間としてライバル？として出会えてよかったなと思う存在です(💗💗💗) これからも大好き！

ねおﾞは本当に裏表がない！ ずっといいコ！(笑) めちゃめちゃ気つかえるしまわり見てるなぁてすごく思う。一緒にいると勉強させられることいっぱい!!! でも最近もっと仲よくなってわかったのは好き嫌いははっきりしてる!!! だから好き!!(笑) さっぱり！ 私が男だったらねおﾞ好きになってるくらいLINEのモテテクがスゴい撮影めるちゃんお疲れさま💕とかイベントがんばって！とか送ってくれるの！ キュンってさせてもらってますぅぅすふとぅぅきー

浪花ほのかチャン

ねおはスゴい人に気をつかってまわりが見えるいいコ！気をつかってくれてるせいか、あたしのボケに笑ってくれる！ めちゃいいコ！笑 あとマジで努力家！知らないうちにヤセ可愛くなってた！撮影もいろんなジャンルのコーデを組むのが楽しかったし、どれも着こなしてくれていい撮影だった！可愛すぎてずっとムービー撮ってた💗 オススメはウサちゃんコス(笑)。ねおのために初めて衣裳製作しました。(アピール)でも全部、可愛い💗 あー、早く読みたい!(笑)よ！日本一！

スタイリスト
tommyサン

ねおﾞはほんとにいいコ！ いつも忙しいはずなのに、LINEの返信なども早くてていねいでしかもわかりやすいんです。ダイエットに対してもストイックな姿勢で、見るたびにスタイルがよくなっていっています！(笑)

Popteen編集部
工藤

ねおといえば…いつもまわりに気をつかっていてとにかくやさしい！ そしてにかくちゃくちゃ努力家！「努力は裏切らない」って言葉は、ねおのためにあると思う(^^) ときどきちょっと抜けてるけど(笑)、そこも含めてねお！ Bonﾟのこと、甘やかしすぎちゃダメだよ💗

Popteen編集部
一石

シャキーン！ いつもやさしくて可愛すぎるねお💗 POPに出始めたときからストイックに努力を怠らず、ナンバーワンまで登りつめて本当にスゴい！ いつも尊敬してます！

Popteen編集部
三島

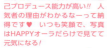

Popteen編集部
太田

謙虚で控えめと見せかけてめちゃめちゃ芯がしっかりしてる！自分を分析できてて自己プロデュース能力が高い!! 人気者の理由がわかるなーって納得です💗 いつも笑顔で、写真はHAPPYオーラだらけで見てて元気になる！

Popteen編集部
片岡

初のスタイルBOOKをつくれて楽しかった！ いつもニコニコしてるねおだけどいろんな話をしていくなかで、過去の経験があるからこそ、いまねおがこんなに人にやさしくできるんだなって思った。どんなときも絶対に表で弱音をはかず自分の道を進んでるねおは本当にカッコいい！ この本を通してねおのことをもっとみんなに知ってもらえますように！ おんつぇる大好き💗

#ねおの
イラスト
描いたよ

Twitterで募集して、つぇるっ子
が描いてくれたねおの
イラスト♥ まん丸の目も、
髪型もどれも特徴つかんでて
可愛いすぎる〜♪

本当のねお
Neo's Real

保証もなかったし
友だちが離れて
ゼロからスタートした3年まえ。

中3のころの自分は
毎日動画投稿をして学校は休みがち。
気がついたら友だちの「がんばって」が
否定的なものに変わって、
友だちがつくったアンチ垢、
家にくる嫌がらせ、
たび重なる批判の声。
担任の先生にも
バカにされ続けてたなあ。

夢を絶対形にしてみせる！
って決めた。
「うまくいくわけない！」っていわれて
ただの笑われ者になった。
上京するときにだれにもいわず
逃げてるように出てきた自分。

つえるっ子がいて
今のねおがいる。

それでも夢をあきらめたくなかったから
自分の道を自分で見つける事を選んで
東京に出てきました。

こうやってはじめてみんなに
自分が抱えた思いを話すのは
怖いけどこれが自分。
ずっといえなかった
過去のこと。
目標をずっと持ち続けてられたのは
まちがいなく応援してくれる声と
認めて支えててくれた
みんながいたから。

自分の思いをこうして形にできたこと。
今回この話をみんなにするにあたり
むかしの自分とのお別れ。

嫌だと感じる人もいるかもしれない。
だけどこれがあっていまのねおです。
胸を張って夢を追い続けてるいまが幸せ。
笑われてもバカにされても
自分の道を自分で歩く。
やさしくいたいと思うのは
きっとこの経験があったから。
ハッキリいえる！
あきらめなかったら夢はかなう。

ありがとう!!!

FASHION

COVER

Tシャツ¥2149／ジャンスカ¥4309／ともにW♥C ピアス¥540／クレアーズ原宿駅前店

P.1

トップス¥5940／one spo

P.2～5

ジャケット¥4309、ワンピース¥1609／FOREVER21 帽子¥2160／ウィゴー イヤリング¥324／パリスキッズ原宿本店 ソックス／スタイリスト私物

P.6～9 P.120～121

Tシャツ¥4320／ジュエティ スカート¥2157／スピンズ ソックス(3足セット)¥1080／チュチュアンナ シューズ¥4212／cs T&P渋谷109店 ピアス／スタイリスト私物

P.18～19

タンクトップ1393／FOREVER21 イヤリング¥324／パリスキッズ原宿本店

P.20～21

Tシャツ¥2149／W♥C

P.28

ビスチェ¥1717／ウィゴー イヤリング¥556／クレアーズ 原宿駅前店

P.29

トップス¥3060 chuu イヤリング¥324／パリスキッズ原宿本店

P.33

ビスチェとTシャツセット¥3229／W♥C

P.33

シャツ¥2149／FOREVER21

P.34

キャミソール¥2157／スピンズ スカート2149／ウィゴー

P.34

オーバーオール¥10800／ジュエティ トップス¥1393／FOREVER21 サンダル¥3229／ウィゴー

P.38～39

トップス¥4298／ヴォルカン＆アフロダイティ 渋谷109店 ショートパンツ¥1609／FOREVER21 サンダル¥12744／EMODA渋谷109店

P.42

タンクトップ¥1609、スカート¥1609／ともにFOREVER21 サンダル¥3672／cs T&P渋谷109店

P.42

ショートパンツ¥1404／チュチュアンナ ベアトップ／スタイリスト私物

P.42

Tシャツ¥4320／ジュエティ パンツ¥4056／chuu スニーカー¥3132／cs T&P渋谷109店

124

BRAND LIST

P.43

トップス¥1609／ショートパンツ¥2149／ともにFOREVER21　スニーカー¥3132／cs T&P渋谷109店

P.43

トップス¥2149／W♥C　パンツ¥4370／chuu　シューズ¥4212／cs T&P渋谷109店

P.43

サテンパジャマ¥2905／チュチュアンナ

P.54

囚人セット¥5270／マリームーン　ブーツ¥3132／cs T&P渋谷109店

P.54〜55

ポリスセット¥6469／クリアストーン　イヤリング¥839／sevens 原宿竹下通り店　ブーツ¥4212／cs T&P渋谷109店

P.62〜65

左・オーバーオール¥5292、シャツ¥3132／ともに原宿シカゴ竹下店　スニーカー¥9180／ヴァンズ ジャパン　中央・オーバーオール¥5292、ポロシャツ¥3132／ともに原宿シカゴ竹下店　帽子¥1717／ウィゴー　スニーカー¥5400／ヴァンズ ジャパン　右・オーバーオール¥5292／原宿シカゴ竹下店　シャツ¥3238／スピンズ　スニーカー¥9180／スピンズ

P.66〜69

左・トップス¥2156／sevens 原宿竹下通り店　スカート¥3229／W♥C　イヤリング¥324／パリスキッズ原宿本店　スニーカー¥3132／cs T&P渋谷109店　ソックス／スタイリスト私物　右・Tシャツ¥2797、スカート¥2149、スニーカー¥4309／以上ウィゴー　イヤリング¥324／パリスキッズ原宿本店　ソックス／スタイリスト私物

P.60

トップス¥5940／ジュエティ　スカート¥1609／FOREVER21　イヤリング¥421／サンキューマート原宿竹下通り店

P.80〜81

Tシャツ¥4320、スカート¥7560／ともにジュエティ　イヤリング¥324／パリスキッズ原宿本店

P.100

ベスト¥4725、シャツ¥3888、スカート¥9720、ネクタイ¥2052／以上CONOMi原宿店

P.101

ブラウス¥4730／chuu

P.104〜105

シャツ¥7560、Tシャツ¥5292／ともにジュエティ　ショートパンツ¥2157／スピンズ　ピアス¥407／sevens 原宿竹下通り店　スニーカー¥10800／フィラ　ソックス／スタイリスト私物

P.105〜106

トップス¥3024／スピンズ　ヘアバンド¥853／ウィゴー　ソックス／スタイリスト私物

P.110〜111

タンクトップ¥1393／FOREVER21　スカート¥9720／jouetie　スニーカー¥6264／コンバース　ピアス／スタイリスト私物

P.112〜113

ワンピース¥2149／FOREVER21　サングラス／スタイリスト私物

SHOPLISTはP.128を見てね♥

『衣おWORLD』に出会って下さって
本当にありがとうございました!!!

毎日が感謝の日々。
今ここにいれるのは
いつも応援して下さっている皆様のおかげです!!

これからも手を繋いでください!!
衣おらしく まっすぐに
成長していけるように全力で頑張ります!!

いつも本当にありがとうございます!
大好きなみんなに
心からありがとう!!!!!!

今の衣おを全て詰め込みました。
沢山の方にこれからも
　　出会えますように…♡

　　　　　　　　　　衣お

🍇 SHOP LIST

- アイセイ ☎ 0120・579・570
- ヴァンズ ジャパン ☎ 03・3476・5624
- ウィゴー ☎ 03・5784・5505
- ヴォルカン＆アフロダイティ渋谷109店 ☎ 03・3447・5072
- EMODA 渋谷109店 ☎ 03・3477・5012
- グリッターイノベーション ☎ 050・5306・0212
- クリアストーン ☎ 03・5989・8100
- サンキューマート原宿竹下通り店 ☎ 03・3479・2664
- cs T&P 渋谷109店 ☎ 03・3477・5175
- jouetie ☎ 03・6408・1078
- スピンズ ☎ 0120・011・984
- Sevens 原宿竹下通り店 ☎ 03・6447・1373
- W♥C ☎ 03・5784・5505
- chuu http://jp.chuu.co.kr/
- チュチュアンナ ☎ 0120・576・755
- ネイチャーラボ（アクネスラボ）☎ 0120・130・311
- （スペルティ・ぱっくん分解酵母）☎ 0120・199・511
- （ダイアン・ウェットブラシ）☎ 0120・122・285
- （ラボン）☎ 0120・880・337
- パリスキッズ原宿本店 ☎ 03・6825・7650
- フィラ カスタマーセンター ☎ 0120・00・8959
- FOREVER21 オンラインショップカスタマーサービス ☎ 0120・421・921
- マリームーン ☎ 0120・24・8585
- 南日本酪農協同 www.dairy-milk.co.jp/
- one spo ☎ 03・3408・2771

※本書に掲載している情報は2019年7月時点のものです。
掲載されている情報は変更になる可能性があります。

撮影協力　フリュー、Candy・A・Go・Go

🍇 STAFF

デザイン　FLY

撮影　tAiki

スタイリング　tommy

ヘアメイク

五十嵐夕子 (Nord)〔カバー、P.1～9、P.18～19、P.38～39、P.52～57、P.60、P.86～87、P.104～113、P.120～121、P.127〕

水流有沙 (ADDICT_CASE)〔P.20～21、P.28～33、P.42～43、P.62～69、P.80～81、P.100～101〕

芋田モトキ〔スカイピース分〕

原稿　橋本範子〔P.92～99、P.106～113〕

マネージャー　岡田康平 (VAZ)、関根香菜 (VAZ)

編集　片岡貴子 (Popteen編集部)、クマキミカ

ねお WORLD

2019年8月8日　第一刷発行

著　　者　ねお
発　行　者　角川春樹
発　行　所　角川春樹事務所
　　　　　〒102-0074
　　　　　東京都千代田区九段南2の1の30　イタリア文化会館ビル 5F
　　　　　電話　03・3263・7769（編集）　03・3263・5881（営業）
印刷・製本　凸版印刷株式会社

本書を無断で複写複製することは、法律で認められた場合を除き、著作権の侵害となります。
万一、落丁乱丁のある場合は、送料小社負担でお取り替え致します。小社宛てにお送りください。
定価はカバーに表示してあります。

ISBN978-4-7584-1340-4 C0076
©2019Neo Printed in Japan